Blue's Blue Kitchen
LunchBox Recipes

好想幫你
帶便當

寫在一開始

從小的記憶，就是鐵盒蒸便當從老爸
老媽交到手上不間斷的串聯。
這是屬於四、五、六年級生會懂得一
種懷舊與感動。
拉回時日。
若說我參與了這小子（布魯）什麼樣
的成長，
或許這六年來每日滿載而去，空空而
回的便當，
就是我用我最擅長的方法和他之間留
下最美好的紀錄。

語言表達情感之於我
一直有某種程度的障礙
所以總是習慣用料理說話
回熱後一樣要好吃的便當
從食材的挑選
配菜在一個小小密閉空間裡加熱後的
交互作用
沒有太華麗的外表
卻包含滿滿的用心

適合一個人大口獨占的
適合和麻吉歡樂共享的

適合想念媽媽味的
適合給身邊人振作關懷鼓勵
適合忙碌家庭快手準備的

便當是最直接的感情表達
對我來說
一直都是這樣的

如果說
布魯媽媽的幸福食堂
是一年 365 天的家常紀錄
那這本除了料理分享外
隱藏而內更多的是心意的傳達

謹以此書
給我身邊摯愛的親人朋友
很慶幸有你們一路的陪伴
點滴在心
好想幫你帶便當

LINA 布魯媽媽

Contents

Part 3 15 分鐘快手便當

Contents

CHAPTER
01

懷舊好滋味

①花雕醬燒雞
②香蒜鍋飯
③簡易香辣湖南蛋

花雕醬燒雞便當

[配菜①]

花雕醬燒雞

🍲 **材料**

去骨雞腿排……2 片
花雕酒………200ml
老薑片…………3 片
青蔥 …………1 大枝
蒜瓣 …………3 個
八角 …………4 個
辣椒 ……………適量
大白菜…………3 大片

🧂 **調味料 A**

辣椒粉………1/2 茶匙
胡椒鹽………1/2 茶匙
香油 ………1 大匙

🧂 **調味料 B**

醬油 2 又 3/4 大匙
糖…………1/4 茶匙

👨‍🍳
NOTES

雞腿排翻面後肉質
表面開始整個轉
白，就差不多是 6
分熟的程度。

🍴 **作法**

01. 去骨雞腿排用廚房紙巾吸去多餘水分，肉質
    較厚的地方輕劃幾刀後將〔調味料 A〕均勻
    抹上。

02. 取一深盤將雞腿排、老薑片、蔥段、拍過的
    蒜瓣及適量辣椒片放入後加上〔調味料 B〕
    及花 雕酒。放入冷藏醃漬入味至少約 1 小
    時。

03. 適量油熱平底鍋，將醃漬好的腿排皮面朝下
    先煎到金黃微焦後再翻面。翻面後的腿排肉
    質約煎到 6 分熟。

04. 再將醃漬腿排的花雕醬汁倒入轉中火將醬汁
    煮滾後轉小火燜煮到醬汁略收。

05. 等待腿排燒透的同時，另起一鍋加了少許鹽
    的水將大白菜絲汆燙至略軟後撈起。

06. 大白菜絲鋪底，燒好的雞腿排切成細條狀擺
    在上頭，再淋上鍋底的花雕醬汁即可。

[配菜②]

 香蒜鍋飯

材料

白米 ……………………… 2 量米杯
蒜末 ……………………… 2 大匙
乾香菇 …………………… 5 朵
青蔥（切絲）…………… 2 大枝
水煮蛋黃 ………………… 3 個

調味料

李錦記舊庄蠔油… 1 又 1/2 大匙
胡椒鹽 …………………… 1/2 茶匙
香油 ……………………… 1 茶匙

作法

01. 乾香菇泡熱水後擠乾切細絲（香菇水預留），水煮蛋黃用湯匙壓碎備用。

02. 適量油熱平底鍋依序將蒜末、香菇絲及青蔥絲下鍋炒香。

03. 再將白米及〔調味料〕中的胡椒鹽及香油放入拌炒均勻。

04. 將水及香菇水共 2 又 1/4 量米杯、〔調味料〕中的蠔油倒入鍋中，蓋上鍋蓋中小火燜煮 8 分鐘。

05. 打開鍋蓋加 1 大匙香油、3 大匙水後再蓋上鍋蓋轉中大火煮 1 分鐘後關火燜 15 分鐘即可。

06. 開鍋將香蒜鍋飯輕輕翻拌讓多餘的水蒸氣散發後，水煮蛋黃碎倒入拌勻就完成囉！

─ NOTES ─

1. 步驟 5 中轉中大火的過程記得不要翻動鍋中的米飯喔！如此才會有香酥的鍋巴生成。如果將轉中大火時間拉長至 1 分半左右，則鍋巴會呈現更焦香的風味，大推！

2. 此道料理中的水煮蛋黃與便當中另一道配菜〔簡易香辣湖南蛋〕的組合運用。

[配菜③]

簡易香辣湖南蛋

材料

水煮蛋白	3 個
青蔥	1 大枝
辣椒	1 根
蒜末	1 茶匙

調味料

醬油	1 大匙
米酒	1 大匙
糖	1/4 茶匙
白胡椒	1/4 茶匙
白醋	1 茶匙

作法

01. 將水煮蛋白切片（一個蛋白約切成 6 ～ 8 片左右），放入以適量油熱的平底鍋中，文火慢煎到表面金黃微焦後撥到鍋中一側。

02. 依序將蒜末、青蔥段、辣椒片下鍋炒香後再和鍋內的蛋白混合。

03. 〔調味料〕倒入後快速翻炒幾下就完成了！

～ NOTES ～

1. 煎蛋白片時要煎到原本光滑表面開始起泡泡或皺褶的程度再將調味料倒入翻炒，如此才能使蛋白更加入味！

2. 在組合便當菜色時，因為此道料理口味偏重，所以通常會和清燙的綠花椰交錯裝盛，如此不但能使便當風味更清新，視覺上也更賞心悅目！

①醬烤雞腿排
②燜油飯

醬烤雞腿排便當

[配菜①]

醬烤雞腿排

🍲 材料

　　雞腿 ············· 4 隻

🥣 醃漬料

　　甜辣醬 ········· 2 大匙
　　醬油膏 ········· 3 大匙
　　薑泥 ············· 2 茶匙
　　胡椒鹽 ······ 1/2 茶匙
　　香油 ············· 1 大匙
　　米酒 ············· 1 大匙
　　蜂蜜 ············· 1 大匙

🍴 作法

01. 雞腿用廚房紙巾吸去多餘水分，肉質較厚的
　　地方輕劃幾刀後，將〔醃漬料〕倒入混合抓
　　勻並靜置至少約 20 分鐘入味。

02. 醃漬好的雞腿皮面朝上放進預熱的烤箱中，
　　以攝氏 200 度烤約 35 ～ 40 分鐘即可。

簡易快速燜油飯

材料

圓糯米	3 量米杯
五花肉	250g
乾香菇	25g
櫻花蝦	20g
油蔥酥	2 大匙
白胡椒	1/2 茶匙
胡椒鹽	適量

調味料

醬油	3 大匙
李錦記舊庄蠔油	2 大匙
米酒	1 大匙

作法

01. 圓糯米泡溫水（40 度左右）20 分鐘，乾香菇泡熱水後擠乾水分切薄片（香菇水預留），五花肉切小片備用。備一只小碗將〔調味料〕調勻。

02. 平底鍋加少量油熱鍋，五花肉片放入小火慢煎到兩面焦香，將肉片取出，逼出的油脂濾過後盛起。

03. 同一鍋依序將香菇片、櫻花蝦、五花肉片下鍋炒出香氣，再加入白胡椒及 2 大匙調好的調味料翻炒均勻。

04. 將泡過水瀝乾的圓糯米及油蔥酥倒入，加入 1 量米杯起先預留的香菇水、步驟 2 逼出的豬油 1 大匙、及調味料 2 大匙，中小火拌炒至醬汁收到糯米快要沾鍋的程度。

05. 再加入水 2 又 1/3 量杯、豬油 1 茶匙及調味料 2 大匙，拌勻後蓋上鍋蓋維持中小火煮 8 分鐘，關火打開鍋蓋讓糯米飯停留在鍋中約 5 分鐘後再起鍋加上胡椒鹽調味即可。

NOTES

1. 圓糯米相對於長糯米比較好消化些，事先浸泡溫熱水更能有效縮短燜炒油飯所需要的時間，也能避免米芯過硬的情況發生。

2. 將五花肉，小火煸炒出豬油的步驟通常會花上一些時間，所以利用這段時間再來浸泡糯米及香菇即可。

3. 燜炒油飯最後鍋底難免會有一些沾黏的情形，步驟 5 中關火讓油飯停留在鍋中小段時間再裝盛就能讓沾底的糯米飯軟化而輕易盛出，這一小部分的油飯會帶有鍋巴的焦香感也非常好吃！

①筍絲扣肉

②筒仔米糕

筍絲扣肉便當

[配菜①]

筍絲扣肉

材料

帶皮五花肉	500g
筍乾	200g
老薑片	5 片
青蔥	1 大枝
蒜瓣	3 瓣

調味料 A

醬油	2 大匙
米酒	2 大匙
冰糖	3/4 大匙
胡椒鹽	1/4 茶匙

調味料 B

醬油	4 大匙
米酒	2 大匙
冰糖	1 大匙
白胡椒	1/4 茶匙

作法

01. 筍乾先泡在熱水中約 2 個小時取出，用水沖淨後再剝成細絲。

02. 適量油熱平底鍋依序將薑片、蒜瓣（拍過）、蔥段下鍋炒出香氣，再將五花肉片（切約 0.8cm ～ 1cm 厚度）放入翻炒至肉開始轉白色。

03. 〔調味料 A〕倒入鍋中將肉翻炒出醬色後移到燉鍋中。

04. 筍絲、〔調味料 B〕及水 600ml 倒入燉鍋中，中大火煮滾後轉小火燉約 80 分鐘即可。

NOTES

筍乾泡熱水洗淨後順著筍乾原有的紋理用手剝絲可以使口感更好！

[配菜②]

筒仔米糕

材料

白米 ························ 2 量米杯
乾香菇 ·························· 20g
五花肉絲 ······················ 150g
蝦米 ························ 3 大匙
油蔥酥 ······················ 1 大匙

醃漬料

醬油 ························ 1 大匙
香油 ························ 1 茶匙
蒜末 ······················ 1/2 茶匙
白胡椒 ···················· 1/4 茶匙
米酒 ························ 1 茶匙
太白粉 ···················· 1/4 茶匙

調味料

醬油 ···················· 2 又 1/2 大匙
胡椒鹽 ···················· 1/4 茶匙
香油 ························ 1 茶匙

作法

01. 將〔醃漬料〕倒入五花肉絲中抓勻備用。

02. 少量油熱鍋，醃漬好的五花肉絲下鍋煸炒出香氣。

03. 再將香菇絲和蝦米依序下鍋炒香。（蝦米泡水後擠乾，香菇泡熱水後切絲，香菇水留下備用。）

04. 米和油蔥酥倒入鍋中翻炒均勻。

05. 加入包含香菇水一共 3 量米杯的水量及〔調味料〕煮滾後轉小火煮約 10 分鐘。

06. 當水分開始減少時需要不時的翻動鍋鏟以避免黏鍋，炒到水分被米粒吸收約 9 成以上。

07. 再將步驟 6 填入四周刷了薄薄一層香油的米糕模子中並用湯匙壓緊。放入電鍋，外鍋放一杯水將米糕蒸熟。

08. 蒸好的筒仔米糕倒扣在碗中即可！

NOTES

米糕成功與否的關鍵在於水量的添加。計算水量添加比例時，記得把〔濕性〕調味料的分量也納入考量（如醬油、米酒等等）。最後蒸出來的米糕如果太硬，或覺得米芯不夠熟也不用害怕，添加少許的水在米糕中再繼續回電鍋蒸，蒸好後再燜個 10 分鐘，就可以讓米芯變軟了！

① 蘿蔔絲鮮味丸子
② 秋葵培根蛋卷

蘿蔔絲鮮味丸子便當

[配菜①]

蘿蔔絲鮮味丸子

材料

蝦餃 ⋯⋯⋯⋯⋯⋯⋯⋯1 盒
蟹肉棒⋯⋯⋯⋯⋯⋯⋯4 根
白蘿蔔絲 ⋯⋯⋯⋯⋯⋯200g
蔥末 ⋯⋯⋯⋯⋯⋯⋯⋯1 大匙
蛋汁 ⋯⋯⋯⋯⋯⋯⋯⋯1 大匙

調味料

李錦記舊庄蠔油⋯1 又 1/2 茶匙
香油 ⋯⋯⋯⋯⋯⋯⋯⋯1 茶匙
白胡椒⋯⋯⋯⋯⋯⋯⋯3/4 茶匙
太白粉⋯⋯⋯⋯⋯⋯⋯2 茶匙

作法

01. 蝦餃事先從冷凍庫中取出放至完全退冰，再用手捏成泥狀餡料；蟹肉棒剝成一絲一絲後切成小段，再加上蘿蔔絲、蔥末、蛋汁和〔調味料〕充分混合均勻。

02. 用手將餡料搓成丸子狀放入電鍋中，水滾後蒸 15 分鐘即可。

～ NOTES ～

1. 因為蝦餃本身的調味已經很足，食譜上其他調味料的分量不需要太重，也可以用魚餃或香菇餃取代，各有不同風味。

2. 料理方式改成取出掌心大小分量的餡料後壓成帶有厚度約直徑 4 ～ 5 公分的圓餅狀，煎到兩面金黃微焦，也非常好吃！

秋葵培根蛋卷

材料

秋葵	4 根
低脂培根	2 條
蒜末	1 茶匙
蛋	3 顆
去籽辣椒丁	適量
鹽巴	適量
黑胡椒	適量

作法

01. 秋葵沾上鹽巴用手掌將表面絨毛搓掉後洗淨擦乾，去頭尾切成細片。培根切丁備用。

02. 少量油熱鍋，先將蒜末炒香，依序將培根丁、秋葵、少量辣椒丁下鍋拌炒，待培根丁略焦香時盛起。

03. 同鍋補一點點油，將蛋充分打散後下鍋，蛋皮略為凝固時把步驟 2 的炒料統統放進鍋中，小火邊捲邊煎，收口朝下停留定型後取出切塊，再撒上少許鹽巴、黑胡椒及辣椒丁提味即可。

NOTES

蛋卷要成功記得熱鍋後全程維持小火，中間的餡料別放太多，利用左右手各一隻鍋鏟輕輕從蛋皮底部慢慢捲起。如果蛋皮還是容易破裂則在蛋液中加入少量的玉米粉拌勻就可以改善許多。

①紅糟腐乳雞粒

②高麗菜香菇鍋飯

紅糟腐乳雞粒便當

[配菜①]

紅糟腐乳雞粒

材料

雞胸肉	350g
蒜末	1 大匙
青蔥	1 大枝
辣椒	1 根
辣豆腐乳	1 塊
紅糟醬	1 大匙
糖	1/4 茶匙

醃漬料

醬油膏	1 大匙
米酒	1 大匙
香油	1 大匙
白胡椒	1/4 茶匙

作法

01. 雞胸肉切成大丁狀,將〔醃漬料〕倒入拌勻。

02. 取一只小碗將辣豆腐乳、紅糟醬及糖混合均勻備用。

03. 適量油熱鍋,蒜末下鍋炒香後下雞丁炒到雞肉開始變色再將步驟 2 調好的醬倒入翻炒。

04. 加約 2 ～ 3 大匙水快速翻炒到醬汁略濃稠,起鍋前撒上蔥花和辣椒末拌勻即可。

[配菜②]

高麗菜香菇鍋飯

 材料

長米	2 量米杯
乾香菇	15g
蝦米	20g
高麗菜	300g
高湯	2 又 1/3 量米杯
胡椒鹽	適量

作法

01. 高麗菜切小片、蝦米和乾香菇分別泡熱水。蝦米瀝乾、香菇擠乾水分切絲備用。

02. 適量油熱鍋依序將香菇絲、蝦米下鍋炒香後下高麗菜翻炒均勻。

03. 長米倒入稍加拌炒後加入高湯蓋上鍋蓋中小火煮 8 分鐘。

04. 此時鍋內水分大約會收至 9 成，再加入 1 大匙香油和 3 大匙香菇水，蓋上鍋蓋轉中大火煮 1 分鐘後關火，燜 15 分鐘即可。

05. 打開鍋蓋後將鍋內米飯及其他材料輕拌勻，使多餘水氣散出，撒上適量胡椒鹽提味就完成了！

NOTES

1. 步驟 4 轉中大火的目的是為了要讓底部生成鍋巴，如果不喜歡鍋巴則將時間縮短為 30 秒左右即可。

2. 最後燜完打開鍋蓋輕拌讓水氣散出後再上桌，鍋飯的口感會更 Q 彈喔！

①蒜味五香炸排骨
②醬炒荷包蛋
③青江菜飯

蒜味五香炸排骨便當

［配菜①］

蒜味五香炸排骨

材料

豬里肌…6～8片（約300g）	
蒜末………………1又1/2大匙	
蛋……………………………1個	
地瓜粉…………………適量	

醃漬料

醬油……………………1大匙	
李錦記舊庄蠔油………1大匙	
米酒……………………2茶匙	
香油……………………1大匙	
胡椒鹽…………………1/2茶匙	
五香粉…………………1/4茶匙	

作法

01. 豬里肌肉隔著保鮮膜用肉鎚敲薄，先將蒜末均勻的撒在肉排上並輕輕按壓。

02. 取一只深盤將〔醃漬料〕和肉排統統放入，雙手輕輕搓揉肉排使醃漬醬料可以完全吸收進肉排內而沒有多餘的醬料殘留在盤底中。

03. 醃漬好的肉排先沾上蛋汁再均勻裹上地瓜粉，並放至地瓜粉反潮。

04. 再將肉排放到油鍋中以半煎炸的方式到肉排兩面金黃微焦就完成囉！

NOTES

反潮的意思指表面沾附的粉類因為和肉類的醃漬醬料結合而變得較為潮濕，下油鍋或煎或炸時粉類都比較不容易脫落，表皮也會更香酥！

[配菜②]

醬炒荷包蛋

材料

雞蛋 ……………………4 個
新鮮香菇 ………………5 朵
玉米椒 …………………5 根
蒜瓣 ……………………3 瓣
辣椒 ……………………1 根

調味料

豆瓣醬 …………………3/4 大匙
醬油 ……………………1 大匙
辣椒醬 …………………1 茶匙

作法

01. 將新鮮香菇切大塊、辣椒（去籽）與蒜瓣分別切片、玉米椒切斜段備用。

02. 蛋煎成兩面焦香的荷包蛋後切大片狀。

03. 起先煎蛋的鍋直接加入少許油，依序將蒜片、香菇、及玉米椒炒香。

04. 將荷包蛋放入並加入〔調味料〕翻炒均勻，起鍋前再放入辣椒片提味即可。

NOTES

1. 荷包蛋煎到微焦的程度再與醬汁翻炒，會比較入味喔！

2. 玉米椒久炒或太大火都很容易產生苦味，所以翻炒時以中火炒出香氣即可。

[配菜③]

青江菜飯

材料

長米或香米	3 量米杯
青江菜	120g
乾香菇	5 朵
蒜末	1 大匙
香油	1 大匙
蒜頭酥	1 大匙

調味料

高湯粉	1 大匙
李錦記舊庄蠔油	1 又 1/2 大匙
胡椒鹽	1/4 茶匙

作法

01. 青江菜切細絲、香菇泡軟後切絲（香菇水預留備用）。

02. 適量油熱鍋，先將蒜末炒香後，依序下香菇絲和青江菜炒出香氣，再將米和蒜頭酥倒入一起拌炒。

03. 水＋香菇水一共 3 又 1/2 量米杯及〔調味料〕倒入鍋中，中大火煮滾後蓋上鍋蓋轉中小火煮 8 分鐘。

04. 此時水分約收 9 成乾，再加入 1 大匙香油和 3 大匙水，蓋上鍋蓋轉中大火約 1 分鐘即可關火燜 15 分鐘就完成了。

NOTES

1. 這樣比例下米飯燜出來口感非常 Q 彈，如果希望米粒再軟一點，步驟 3 中再加 1/4 量米杯的水即可。

2. 最後轉中大火時千萬不要翻動米飯，這樣就會有好吃的鍋巴了！喜歡鍋巴更焦一點的話可以把轉中大火的時間拉長到 1 分半。

3. 食譜是用 28 公分平底鐵鍋操作的，如果想用電子鍋亦可，但米和水的比例請調整到 1：1。不過強烈建議有鐵鍋的朋友試試，米飯的 Q 彈度和焦香的鍋巴都是電子鍋料理無法取代的。

①豉汁排骨
②塔香豆腐球

豉汁排骨便當

[配菜①]

豉汁排骨

材料

豬小排	500g
黑豆豉	2 大匙
蒜末	2 茶匙
青蔥	1 大枝
辣椒	1 根

醃漬料

醬油膏	2 又 1/2 大匙
胡椒鹽	1/4 茶匙
香油	2 大匙
米酒	1 大匙
太白粉	1 大匙

作法

01. 青蔥、辣椒切末備用。取一深盆將〔醃漬料〕倒入子排中仔細抓勻後靜置約 15 分鐘。

02. 適量油熱鍋，先將蒜末及一半分量的黑豆豉（切碎）小火炒出香氣。再將醃漬好的小排下鍋翻炒到變色。

03. 將剩下的黑豆豉（不用切碎）及辣椒末放入拌炒均勻後移到蒸鍋中，中火蒸 45 分鐘。開鍋撒上青蔥末提味就完成囉！

NOTES

黑豆豉切碎先用油炒過可以在料理過程中散發出更濃厚的香氣，但是要注意黑豆豉本身的鹹度各家廠牌不一，調味時再略做增減。

[配菜②]

塔香豆腐球

 材料

板豆腐⋯⋯⋯1塊（約200g）
九層塔⋯⋯⋯⋯⋯⋯⋯1把
蛋汁⋯⋯⋯⋯⋯⋯⋯1大匙
地瓜粉⋯⋯⋯⋯1又1/2大匙
麵包粉⋯⋯⋯⋯⋯⋯1大匙

調味料

醬油⋯⋯⋯⋯⋯2又1/2大匙
糖⋯⋯⋯⋯⋯⋯⋯1/2茶匙
白胡椒⋯⋯⋯⋯⋯⋯1茶匙
香油⋯⋯⋯⋯⋯⋯⋯1茶匙

作法

01. 板豆腐用廚房紙巾吸乾水分後壓成泥；九層塔取葉切成細末，再加入蛋汁、地瓜粉、麵包粉、〔調味料〕後充分混合均勻。

02. 適量油熱鍋，將餡料用手揉搓成小球狀形，放入鍋中半煎炸到金黃微焦香即可。

NOTES

也可以使用懶人不沾手的作法：用湯匙挖取適量餡料平鋪在平底鍋中，中小火煎到兩面金黃焦香的豆腐排狀即可！

①梅乾菜蒸肉
②炒三絲

梅乾菜蒸肉便當

梅乾菜蒸肉

 材料

豬細絞肉	400g
梅乾菜	1 顆
水	1 ～ 1 又 1/3 量米杯
蛋	1 個

調味料

李錦記舊庄蠔油	2 又 1/2 大匙
糖	1 茶匙
白胡椒	1 又 1/2 茶匙
米酒	1 大匙
香油	1 茶匙

作法

01. 梅乾菜仔細洗淨後切成細末放入深盆中與豬絞肉、蛋及〔調味料〕攪拌均勻。

02. 將水大約分 6 次打入肉餡中。一次加 1 ～ 2 小匙，用筷子充分調勻後再加。

03. 拌好的肉餡倒入一個有深度的圓盤中，中間用手指按出凹陷，讓肉蒸熟往內膨脹擠壓時表面一樣可以比較平整好看，蓋上耐熱保鮮膜，中大火蒸 20 分鐘。

04. 倒扣在有深度的盤裡，就大功告成了！

NOTES

1. 梅乾菜一般都帶有比較多的土塵，大致需要 2 ～ 3 次的清洗，之後再切末料理才不會有沙沙的口感喔！

2. 步驟 2 的肉餡打水，可以讓肉質在蒸煮過程中保持軟嫩多汁，水的添加量一定要一次一點點慢慢加，就不會發生水和肉餡分離的慘劇了！

[配菜②]

炒三絲

材料

筊白筍	2 根
紅蘿蔔	15g
黑木耳	50g
青蔥	1 大枝
辣椒	1/2 根
油蔥酥	1 茶匙

調味料

鹽	1/3 茶匙
白胡椒	1/4 茶匙
香油	1/2 茶匙

作法

01. 紅蘿蔔、筊白筍及黑木耳分別切細絲並依序放入加了適量油的平底鍋中炒出香氣。

02. 加入 2 大匙水、油蔥酥及除了香油外的〔調味料〕翻炒均勻後關火燜 3 分鐘。

03. 起鍋前再將香油倒入拌勻，青蔥及辣椒絲放入提味即可。

NOTES

筍類的食材在熱炒的烹調過程中，適量的油脂越能凸顯出香氣。另外起鍋前「燜」的步驟也更能帶出筍類本身的清甜喔！

① 蘿蔔絲糰子
② 超簡易入味
蜜汁豆乾

蘿蔔絲糰子便當

[配菜①]

蘿蔔絲糰子

 材料

白蘿蔔	400g
豬絞肉	200g
蔥末	3 大匙
蒜頭酥	1 茶匙
蛋	1 個
地瓜粉	3 又 1/2 大匙

調味料

白胡椒	2/3 茶匙
醬油	3 又 1/2 大匙
糖	1/4 茶匙
高湯粉	1/4 茶匙
香油	1 大匙
酒	1 大匙

作法

01. 白蘿蔔刨絲，用手擠乾水分後，再放到廚房紙巾上將多餘的水分吸乾。

02. 白蘿蔔絲、絞肉、蔥末、蒜頭酥、蛋、地瓜粉及〔調味料〕統統加在一起。將餡料攪拌至黏稠。

03. 適量油熱鍋，將肉餡輕甩打成圓餅狀後中小火下鍋半煎炸到兩面都金黃香酥。

04. 起鍋再將多餘的油脂吸除即可。

NOTES

白蘿蔔絲與白胡椒是絕佳的組合，所以食譜分量中的白胡椒量建議不要再做刪減喔！如果口味可以偏重，甚至可以將餡料中白胡椒的量增加到 1 茶匙左右。

[配菜②]

超簡易入味蜜汁豆乾

材料

豆乾	12 片
蒜末	1 大匙
蔥末	1 大匙
辣椒末	適量
椒鹽	適量
李錦記蜜汁烤肉醬	3 大匙

NOTES

豆乾用煎的方式取代油炸，既省油也同樣可以讓豆乾在很短的時間內吸附醬汁並且入味！

作法

01. 平底鍋放少量油，將豆乾放入煎到表面微焦並有凸起狀。（煎的時候可以用鍋鏟輕壓讓豆乾煎得更均勻）。

02. 煎好的豆乾一切四成小方塊。

03. 原鍋加少量油依序將蒜末、一半的蔥末（以蔥白為主）及辣椒末下鍋爆香。

04. 加入 2 又 1/2 大匙的蜜汁烤肉醬及約 200ml 的水，中火蓋上鍋蓋滾約 8 分鐘。

05. 打開鍋蓋轉中大火，拌炒到收汁後將剩下的 1/2 大匙蜜汁烤肉醬倒入拌炒，再依個人口味加入椒鹽調整味道。最後灑上剩下的蔥花及辣椒末即可。

一鍋到底好料理

① 洋蔥雞丁燉飯
② 咖哩培根煎洋芋

洋蔥雞丁燉飯便當

[配菜①]

洋蔥雞丁燉飯

材料

去骨雞腿肉····· 300g
洋蔥 ···············1 顆
新鮮香菇 ·······7 朵
冷飯 ···············4 碗
蒜末 ············1 大匙
蛋黃 ···············1 個
鮮奶 ············200ml
高湯 ····· 1/2 量米杯

起司絲········1 大匙
奶油塊·········· 10g

醃漬料

海鹽 ········1/2 茶匙
橄欖油 ·········1 茶匙
白酒 ············1 茶匙
黑胡椒·······1/4 茶匙

義大利
綜合香料 ·1/4 茶匙
蒜末 ···········1 茶匙

調味料

海鹽 ······1/4 茶匙
黑胡椒·····1/4 茶匙

作法

01. 去骨雞腿肉切成一口大小丁塊狀和〔醃漬料〕抓勻備用。

02. 奶油加 1 茶匙橄欖油熱平底鍋，先將蒜末炒香後放入洋蔥絲炒到略軟並撥到鍋子四周。

03. 將醃漬好的雞肉放在鍋子中間，半煎炒到表面微焦香再撥到旁邊（蒜末洋蔥絲在最外圈、雞肉丁第 2 圈）。

04. 最後把切塊的香菇放在正中央炒出香氣，冷飯和高湯倒入並把鍋內所有食材拌炒均勻。

05. 蛋黃和鮮奶混合後倒入鍋中，小火仔細將米飯炒到滑順並加入〔調味料〕拌勻。

06. 起鍋前將起司絲放入後關火，利用鍋內餘熱將起司絲融化就完成了！

♣ NOTES

依照食材烹調時間長短分別入鍋並分區停留在鍋中的方法可以節省許多烹煮的時間，而且熟度或軟硬度在起鍋時也能恰到好處！鍋中放置相對位置如下圖示：

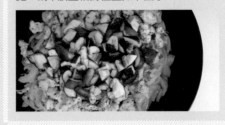

[配菜②]

咖哩培根煎洋芋

材料

馬鈴薯（中型）	2 個
培根	4 片
鹽	1 茶匙
奶油塊	10g
青蔥末	1 大匙

調味料

咖哩粉	1/2 茶匙
胡椒鹽	1/2 茶匙
黑胡椒	1/4 茶匙
海鹽	少許

作法

01. 滾刀將帶皮的馬鈴薯切小塊後，放入加了鹽的滾水中（水量約 500ml）燜煮 15 分鐘撈起瀝乾。

02. 培根切末，利用等待煮水煮馬鈴薯的時間，放入平底鍋中炒到香酥。

03. 再把馬鈴薯塊及〔調味料〕放入拌勻，最後放奶油塊及青蔥末，輕拌至奶油塊融化即可。

NOTES

煮好的馬鈴薯水分要充分瀝乾，如此回鍋拌炒時就能吸附飽滿的辛香味。

馬鈴薯塊在水煮的過程中已經會稍帶點鹹味，再加上培根末的分量相對於馬鈴薯是非常充足的，所以整體最後的鹹度只要少許鹽巴微調即可！

①麻油香菇雞鍋飯
②紅燒番茄豆腐

麻油香菇雞鍋飯便當

[配菜①]
麻油香菇雞鍋飯

材料
去骨雞腿排⋯⋯2 片（約 400g）
長米 ⋯⋯⋯⋯⋯⋯⋯⋯⋯ 3 杯
乾香菇⋯⋯⋯⋯⋯⋯⋯⋯⋯ 15g
青蔥 ⋯⋯⋯⋯⋯⋯⋯⋯⋯ 1 大枝
老薑片⋯⋯⋯⋯⋯⋯⋯⋯ 10 片

醃漬料
麻油 ⋯⋯⋯⋯⋯⋯⋯⋯⋯ 1 大匙
醬油膏⋯⋯⋯⋯⋯⋯⋯⋯ 2 大匙
米酒 ⋯⋯⋯⋯⋯⋯⋯⋯⋯ 1 大匙
白胡椒⋯⋯⋯⋯⋯⋯⋯⋯ 1/4 茶匙

調味料
李錦記舊庄蠔油⋯ 2 又 1/2 大匙
胡椒鹽⋯⋯⋯⋯⋯⋯⋯ 1/4 茶匙

作法
01. 去骨雞腿肉切成適當大小塊狀加入〔醃漬料〕抓勻，乾香菇泡熱水後擠乾切絲。（香菇水預留備用）。

02. 1 大匙植物油＋1 茶匙麻油熱鐵鍋，依序將老薑片、香菇絲、雞肉塊、青蔥末及長米下鍋炒香。翻炒的過程中加入麻油及米酒各 1 大匙增添香氣。

03. 將預留的香菇水＋水共 3 又 1/2 量米杯倒入鍋中，蓋上鍋蓋中小火燜煮約 8 分，此時水分收乾至 9 成左右，並加入〔調味料〕拌勻。

04. 再加入麻油 1 大匙及水 3 大匙，蓋上鍋蓋轉中大火燒 1 分鐘後即關火，讓米飯停留在鍋中燜約 15 分鐘即可。

NOTES
1. 食譜的分量是用 28 公分平底鐵鍋完成的，也可以使用砂鍋操作，但砂鍋因為口徑通常小一點，所以最後加熱時（步驟 4）記得稍微將砂鍋左右傾斜，讓鍋內的米粒可以受熱更均勻。砂鍋建議蓋上鍋蓋燜的時間可以拉長至 20 分鐘左右。
2. 麻油和植物油混合熱鍋可以將油類遇熱發煙點提高一些，避免麻油溫度過高發苦。
3. 步驟 4 的作用在於底部米飯能在最後的階段生成鍋巴，所以避免翻動喔！

[配菜②]

🌾 紅燒番茄豆腐 🌾

 材料

牛番茄	2 個
板豆腐	1 塊
青蔥	1 大枝
蒜末	1 茶匙
醬油	1 大匙
番茄醬	1 大匙
黑胡椒	適量

作法

01. 用廚房紙巾將板豆腐水分稍吸乾後切成適當大小，少量油煎到表面金黃。

02. 同一鍋中將豆腐先撥至一旁，中間放入蒜末和切大丁狀的番茄拌炒出香氣後再和豆腐一起拌炒。

03. 放入醬油、番茄醬、蔥段和 1/2 量米杯的水，燒到湯汁濃稠即可起鍋。

04. 灑上適量的黑胡椒和青蔥絲提味就完成囉！

①豉香雞肉煲仔飯
②番茄蘆筍烘蛋
③豆苗炒玉米

豉香雞肉煲仔飯便當

[配菜①]

豉香雞肉煲仔飯

材料

放山古早雞去骨雞腿 ··········1 片
白米 ····················· 1 量米杯
蒜末 ······················· 1 茶匙
青蔥 ················ 2 大枝（切末）
辣椒 ·······················1 根

醃漬料

李錦記香辣豆豉醬 ········ 1 茶匙
醬油膏 ····················· 1 大匙
米酒 ······················· 1 大匙
香油 ······················· 1 大匙
蒜末 ······················· 1 茶匙

調味料

李錦記香辣豆豉醬 ········ 1 茶匙
醬油膏 ····················· 2 茶匙

作法

01. 雞腿肉排切成長條狀後和〔醃漬料〕混
　　合均勻並靜置約 15 分鐘入味。

02. 適量油熱鍋，將蒜末炒香後下醃好的雞
　　腿肉拌炒到約五分熟盛起備用。

03. 同一鍋依序將青蔥末及白米下鍋炒香。
　　加入 2 量米杯的水維持中火煮到約 6 ～
　　7 成乾。

04. 上頭鋪上起先炒到 5 分熟的雞腿肉，並
　　將〔調味料〕和 2 大匙水均勻撒入。

05. 蓋上鍋蓋煮約 4 分鐘後轉大火煮 1 分鐘，
　　關火燜 15 分鐘即可。

NOTES

最後轉大火的步驟是生成美味鍋巴的關鍵，
所以千萬不要翻動米飯也不要途中掀開鍋蓋
喔！

[配菜②]

番茄蘆筍起司烘蛋

材料

蘆筍（大）……………………	5～6 根
牛番茄…………………………	1 個
雞蛋……………………………	4 個
火腿絲…………………………	2 大匙
帕馬森起司絲…………………	1 又 1/2 大匙
蒜末……………………………	1/2 茶匙
黑胡椒…………………………	1/4 茶匙

作法

01. 蘆筍斜切成段，牛番茄切小丁備用。

02. 適量油熱鍋依序將蒜末、番茄丁、蘆筍段、火腿絲、黑胡椒下鍋炒香。

03. 將蛋打散倒入，待蛋液自鍋緣開始凝固時均勻撒入起司絲，將鐵鍋放進預熱好的烤箱中，以上下火攝氏 200 度烤約 5 分鐘即可。

[配菜③]

 豆苗炒玉米

材料

小豆苗	1 盒
甜玉米粒	2 大匙
蒜末	1 茶匙
海鹽	1/4 茶匙
辣椒丁	少許

作法

01. 適量油熱鍋將蒜末炒香後下小豆苗炒出香氣。

02. 將甜玉米粒倒入快速拌炒幾下，起鍋前加入海鹽及辣椒丁拌勻即可。

①甜柿木耳燒雞
②白菜培根卷

甜柿木耳燒雞便當

甜柿木耳燒雞

材料

去骨雞腿排	2 片
黑木耳	200g
甜柿	1 顆
青蔥	1 大枝
辣椒	1 根
蒜瓣	4 瓣
老薑片	5 片

醃漬料

醬油膏	1 大匙
胡椒鹽	1/4 茶匙
米酒	1 大匙
香油	1 茶匙

調味料 A

冰糖	1 茶匙
醬油	1 大匙
辣椒醬	1 茶匙

調味料 B

醬油	2 又 1/2 大匙
米酒	1 大匙
冰糖	1 茶匙

作法

01. 去骨雞腿排切成大丁狀後加入〔醃漬料〕抓勻並靜置約 10 分鐘入味。甜柿切塊、木耳切片、蒜瓣切片及青蔥辣椒切段備用。

02. 適量油熱鍋，依序將老薑片、蒜片、蔥白段、辣椒下鍋炒出香氣再將雞肉塊皮面朝下放入鍋中半煎炒到表面微焦。

03. 〔調味料 A〕倒入鍋中將雞肉塊翻炒出醬色。

04. 再將甜柿、木耳、蔥青段放入鍋中翻炒。

05. 〔調味料 B〕及水約 200ml 倒入鍋中蓋上鍋蓋煮約 15 分鐘後打開，轉中大火翻炒收汁到略濃稠再灑點蔥花提味即可。

NOTES

如非甜柿當季，用馬鈴薯或白蘿蔔切片（厚度大約 0.3cm 左右）取代甜柿也是別具風味的便當菜色！

[配菜②]

🌾 白菜培根卷 🌾

 材料

大白菜葉	4 片
培根	4 片
蒜末	1 大匙
蒜頭酥	1/2 茶匙
胡椒鹽	1/4 茶匙
米酒	1 茶匙

 作法

01. 大白菜葉上放一片培根後捲起收口朝下備用。

02. 少量油熱鍋將蒜末炒香,再把白菜卷一一排在鍋內。

03. 將蒜頭酥、米酒、胡椒鹽及水 30ml 倒入鍋中,小火燜煮 5 分鐘即可。

🎩 NOTES 🎩

1. 培根已經帶有一定的鹹度所以這道菜完全不需要再添加鹹味!

2. 因為大白菜本身水分含量充足,在烹煮的過程中會釋放成為湯汁,所以燜煮時只需要額外添加少許的水量即可。

① 蝦仁什錦脆麵燒

蝦仁什錦脆麵燒便當

[配菜①]

蝦仁什錦脆麵燒

材料

王子麵	2 包
蛋	2 個
高麗菜	5 ～ 6 大片
培根	3 片
草蝦仁	6 隻
蒜末	1 茶匙
蔥花	適量

醃漬料

鹽	1/4 茶匙
白胡椒	適量
香油	1 茶匙
米酒	1 茶匙

調味料

孜然粉	1/2 茶匙
黑胡椒	適量

沾醬

醬油膏	1 大匙
白醋	1/2 茶匙
辣椒醬	適量

作法

01. 蝦仁去腸泥後用〔醃漬料〕抓勻，高麗菜切細絲、培根切小丁備用。

02. 少許油熱鍋後，先將蒜末爆香，再依序下培根丁和高麗菜絲，翻炒到高麗菜絲略軟。

03. 加入約 1/2 杯量米杯的水後，放入王子麵並將〔調味料〕加入，蓋上鍋蓋燜煮約 1 分鐘。

04. 麵身開始鬆散變軟時，打入兩顆蛋，上頭排上醃好的蝦仁。等蛋汁凝固的差不多時，用一個陶瓷平底盤幫忙翻面，蝦仁面朝下轉中大火煎約 1 分鐘再倒扣盛盤即可。

05. 刷上調好的〔沾醬〕及灑上大把蔥花就完成囉！

NOTES

入便當菜色時步驟 3 的燜煮時間可以縮短至 40 秒左右，如此料理完成時麵身會仍然帶著Q彈口感，回熱後也不會過軟，一樣好吃。

① 茄汁滑蛋牛肉飯

茄汁滑蛋牛肉飯便當

[配菜①]

茄汁滑蛋牛肉

材料

牛炒肉片	100g
洋蔥	1/2 顆
青蔥	1 大枝
蒜瓣	2 瓣
辣椒	適量
蛋	1 個
番茄醬	2 大匙
黑胡椒	1/4 茶匙
焗烤用起司絲	1 大匙

醃漬料

醬油膏	1 大匙
黑胡椒	1/4 茶匙
香油	2 茶匙
米酒	1 茶匙
太白粉	1/2 茶匙

作法

01. 將〔醃漬料〕和牛肉片抓勻後靜置 15 分鐘入味。

02. 蒜瓣、青蔥切片，洋蔥切絲備用。

03. 適量油熱鍋，將蒜片炒出香氣後下洋蔥絲翻炒到略軟並撥到鍋子的一側。

04. 再將醃漬好的牛肉片放入鍋中炒到肉片開始變色再和洋蔥絲混合均勻。

05. 拿一只小碗將番茄醬、蛋和黑胡椒調勻後倒入鍋中，待蛋液開始凝固時再和其他食材翻炒均勻。

06. 起鍋前撒上起司絲、蔥片和辣椒，利用鍋內餘熱將起司絲融化即可。

NOTES

將番茄醬＋蛋液調勻後放入鍋中和肉類一起燴炒，可以讓就算是十分鐘快手完成的料理也充滿濃郁香氣。大推！

CHAPTER
—03—

15分鐘快手便當

①黑椒蘑菇
　牛肉燴飯
②番茄炒高麗菜

黑椒蘑菇牛肉燴飯便當

[配菜①]
🌾 黑椒蘑菇燴牛肉 🌾

🍲 材料

去骨牛小排⋯⋯⋯⋯⋯ 150g
蘑菇 ⋯⋯⋯⋯⋯ 8 ～ 10 朵
青蔥末 ⋯⋯⋯⋯⋯ 1 大匙
蒜末 ⋯⋯⋯⋯⋯ 1 大匙

🥣 醃漬料

啤酒 ⋯⋯⋯⋯⋯ 1 大匙
醬油膏 ⋯⋯⋯⋯⋯ 1 茶匙
甜辣醬 ⋯⋯⋯⋯⋯ 1/2 茶匙
香油 ⋯⋯⋯⋯⋯ 1/2 茶匙
黑胡椒 ⋯⋯⋯⋯⋯ 1/4 茶匙

🧂 調味料

醬油 ⋯⋯⋯⋯⋯ 1 大匙
番茄醬 ⋯⋯⋯⋯⋯ 1 茶匙
水果醋 ⋯⋯⋯⋯⋯ 1 茶匙
黑胡椒 ⋯⋯⋯⋯⋯ 1/4 茶匙
奶油塊 ⋯⋯⋯⋯⋯ 5g
太白粉水 ⋯⋯⋯⋯⋯ 適量

🍴 作法

01. 將去骨牛小排切成適當大小片狀後加入〔醃漬料〕抓勻並靜置約 15 分鐘入味。

02. 適量油熱鍋，蒜末炒香後下醃漬好的牛小排肉快速翻炒幾下到表面微焦香約略 5 分熟即可盛起。

03. 同一鍋（不需要再添加油）將蘑菇丁放入（蘑菇一朵切開成 4 瓣）拌炒出香氣後下步驟 1 的牛肉與〔調味料〕，加水約 4 大匙煮滾放入奶油塊及少許太白粉水勾薄芡。

04. 起鍋前再撒上青蔥末提味即可。

NOTES

起鍋前加入少量奶油塊有助於在短時間內增加醬汁濃郁的口感，尤其和黑椒風味是絕佳組合！

[配菜②]

番茄炒高麗菜

材料

高麗菜……………………1/3 顆
牛番茄蒂頭………4～5 瓣
蒜末 ………………………1 茶匙
蒜頭酥……………………1 茶匙
鹽巴 ………………………適量

作法

01. 適量油熱鍋將蒜末炒香後下番茄蒂頭拌炒到略軟。

02. 高麗菜下鍋快速翻炒幾下後加入蒜頭酥及2～3 大匙水燜煮約 1 分鐘。

03. 起鍋前依個人口味加適量鹽巴調味即可。

～ NOTES ～

1. 其實這是一道食材再利用的環保菜色，原本總是切下丟掉的番茄蒂頭入菜後，讓平凡的清炒高麗菜多了一股提振食欲的酸甜滋味！只是番茄蒂頭口感不佳並不會拿來食用。

2. 便當組合的小聰明：遇上有醬汁的便當菜組合時，記得先煎一顆微微焦的荷包蛋放在白飯上頭，均勻淋上黑椒蘑菇燴牛肉的醬汁後再完成便當組合，微焦的荷包蛋與各種醬汁幾乎都是百搭，美味營養配色兼具。

3. 另外蒸便當的配菜中，微焦荷包蛋本身的香氣再透過蒸箱回熱後，美味的程度是勝過半熟蛋許多的喔！

① 糖醋高麗菜肉丁
② 香蔥蛋

糖醋高麗菜肉丁便當

[配菜①]

糖醋高麗菜肉丁

 材料

豬小里肌	220g
高麗菜	100g
蒜末	1 茶匙
辣椒丁	1 茶匙
青蔥末	適量
香菜末	少許
番茄醬	1 又 1/2 大匙
糖	1 茶匙
1 白醋	1 大匙
1 辣椒醬	適量

醃漬料

醬油	2 茶匙
白胡椒	適量
香油	1 又 1/2 茶匙
米酒	1 茶匙
地瓜粉	1 大匙

作法

01. 小里肌切成大丁後，加入〔醃漬料〕靜置約 15 分鐘後，過油至表面金黃微焦盛起備用。

02. 少許油熱鍋將蒜末炒香，下高麗菜快炒幾下後加白醋、糖和少許水，炒到略軟時將肉丁放入，再加番茄醬、辣椒醬及 2 大匙的水燜炒至收汁（若鹹味不足可以補上一點點醬油），起鍋前加辣椒丁和青蔥末，關火用餘熱翻兩次鍋就完成了。

03. 上桌前灑上一點香菜提味即可。

NOTES

1. 豬小里肌的肉質切丁後很容易就熟透了，口感屬於 Q 軟中帶點脆度的，所以不需要過長時間的烹煮喔！

2. 如果喜歡高麗菜也具有爽脆口感，切片後的高麗菜葉可以加入少許鹽混合並用手擠出水分再下鍋翻炒。但最後調味上鹹度就要稍降低，避免口味過重。

［配菜②］

香蔥蛋

材料

蛋	3 個
青蔥	1 大枝
油蔥酥	1 大匙
黑胡椒	適量
醬油膏	適量

NOTES

青蔥、油蔥酥與雞蛋逐步下鍋拌炒的方式能讓平凡的炒蛋香氣層次更分明。雞蛋也不建議打散再下鍋，蛋白與蛋黃交錯的炒蛋是蒸便當菜色中最美味的料理之一！

作法

01. 青蔥切末、油蔥酥切碎，依序放入少量油熱的鍋中小火炒出香氣。（要等青蔥炒出香氣後再下油蔥酥翻兩下即可）。

02. 再將整個蛋直接打入步驟 1 中，灑上適量黑胡椒，轉中火，先以筷子畫圈圈的方式煎炒，等到蛋汁開始凝固時，就讓一面煎到焦香再翻面煎香，起鍋時用鍋鏟分切成一塊一塊即可。

03. 再隨意淋上點醬油膏就完成了！

① 紹興牛肉炒黃瓜
② 洋蔥腐乳蛋

紹興牛肉炒黃瓜便當

[配菜①]

紹興牛肉炒黃瓜

材料

牛肉片…………………400g
小黃瓜…………………1 根
花生米…………………適量

醃漬料

紹興酒…………………3 大匙
蒜末……………………1 大匙
香油……………1 又 1/2 大匙
醬油膏…………………1 大匙
黑胡椒…………………1/2 茶匙
糖………………………1/2 茶匙
太白粉…………………1 茶匙

調味料

醬油膏…………………2 大匙
番茄醬…………1 又 1/2 大匙
檸檬汁…………1 又 1/2 大匙
紹興酒…………………1 大匙

作法

01. 將牛肉片和〔醃漬料〕混合均勻，
靜置約 10 分鐘。

02. 適量油熱鍋，將醃漬好的牛肉片
下鍋翻炒到牛肉開始變色，再將
〔調味料〕倒入鍋中翻炒均勻。

03. 黃瓜切薄片放入鍋中，快速翻炒
到黃瓜片略軟即可起鍋。上桌前
再隨意灑點花生米提味。

∽ NOTES ∽

1. 黃瓜片的厚度建議不要超過 0.2cm，翻
炒後顏色略帶透明是最好吃的狀態。

2. 花生米蒸過的口感不佳，所以如果用蒸
的方式加熱，便當請省略喔！

[配菜②]

洋蔥腐乳蛋

材料

雞蛋	3 個
洋蔥（大）	1/2 顆
青蔥絲	適量
豆腐乳	12g
沙拉醬	1 茶匙
白醋	1/2 茶匙
白胡椒	適量

作法

01. 洋蔥切細絲，少量油熱鍋，依序將青蔥和洋蔥絲下鍋炒香盛起。

02. 豆腐乳加沙拉醬（可以加入一點米酒會更香！）調勻後加在蛋中打勻，原鍋補一點點油蛋汁下鍋，翻炒到半熟再加入步驟 1 的材料，起鍋前沿鍋邊嗆入一點白醋，轉大火快速拌炒到蛋表面略焦香即可。

03. 可依個人口味灑上一點鹽巴或胡椒，或是使用辣味豆腐乳也很美味！

NOTES

加了豆腐乳及沙拉醬的炒蛋口感上會更為滑嫩，是蒸便當的絕佳配菜。

① 辣味噌豬肉蓋飯
② 蠔油黃瓜杏鮑菇
　薄片

辣味噌豬肉蓋飯便當

[配菜①]

辣味噌豬肉

材料

豬梅花肉片⋯⋯⋯⋯⋯300g
洋蔥⋯⋯⋯⋯⋯⋯⋯⋯1 顆
蔥段⋯⋯⋯⋯⋯⋯⋯⋯適量
辣椒⋯⋯⋯⋯⋯⋯⋯⋯適量
蒜末⋯⋯⋯⋯⋯⋯⋯⋯1 茶匙

醃漬料

醬油⋯⋯⋯⋯⋯⋯⋯⋯1 茶匙
香油⋯⋯⋯⋯⋯⋯⋯⋯1 茶匙
米酒⋯⋯⋯⋯⋯⋯⋯⋯1 茶匙
白胡椒⋯⋯⋯⋯⋯⋯1/4 茶匙

調味料

味噌⋯⋯⋯⋯⋯⋯⋯2/3 大匙
甜辣醬⋯⋯⋯⋯1 又 1/2 大匙
米酒⋯⋯⋯⋯⋯⋯⋯⋯1 大匙

作法

01. 洋蔥切絲,〔醃漬料〕加入豬肉片中抓勻。

02. 適量油熱鍋,將蒜末爆香後下豬肉片與一半分量的〔調味料〕炒到肉片五分熟後盛起。

03. 同一鍋下洋蔥絲,翻炒出香氣後,倒入步驟 2 盛起肉片的肉汁一起拌炒到略軟。

04. 再將肉片倒回鍋中並加入剩下的〔調味料〕、蔥段和辣椒絲,大火翻炒到略收汁,起鍋前勾薄芡即可。

NOTES

1. 炒肉片的調味料分段放可以讓肉片更入味!

2. 便當這樣裝:先將白飯鋪底,淋上未勾芡的醬汁,勾了薄芡後再放肉片和其他材料。這樣蒸過後的飯不會太乾,肉片也能維持軟嫩!

[配菜②]
蠔油黃瓜杏鮑菇薄片

材料

小黃瓜	2 根
杏鮑菇	3 根
蒜末	1 茶匙
油蔥酥	1 茶匙
辣椒丁	適量
李錦記舊庄蠔油	1 又 1/2 茶匙
白胡椒	1/4 茶匙

作法

01. 用削皮器將小黃瓜和杏鮑菇分別刨成長條狀的薄片備用。

02. 適量油熱鍋將蒜末炒香，黃瓜片、杏鮑菇片依序下鍋拌炒。

03. 將蠔油、油蔥酥、白胡椒放入，並加約 2 大匙的水。蓋上鍋蓋燜 5 分鐘，起鍋灑點辣椒丁提味即可。

NOTES

1. 用削皮器將食材刨成薄片後下鍋翻炒可以有效的節省烹調的時間，爽口和入味兼俱！

2. 拌炒過的小黃瓜或杏鮑菇薄片在有宴客需求時，可以備一只小碗將炒過的材料堆疊壓緊後倒扣在盤上，再淋上炒後鍋底留下的醬汁，簡單又大方！

①五味醬拌透抽
②蠔油鮑菇豆腐

五味醬拌透抽便當

[配菜①]

五味醬拌透抽

材料

冷凍透抽 ⋯ 1 份（約 200g）
香菜 ⋯⋯⋯⋯⋯⋯⋯ 適量

五味醬

醬油膏 ⋯⋯⋯⋯⋯ 3/4 大匙
番茄醬 ⋯⋯⋯⋯ 1 又 1/2 大匙
糖 ⋯⋯⋯⋯⋯⋯⋯ 1/4 茶匙
香油 ⋯⋯⋯⋯⋯⋯⋯ 1 茶匙
烏醋 ⋯⋯⋯⋯ 1 又 1/2 大匙
蒜末 ⋯⋯⋯⋯⋯⋯⋯ 1 茶匙
薑末 ⋯⋯⋯⋯⋯⋯⋯ 1/4 茶匙
辣椒丁 ⋯⋯⋯⋯⋯⋯⋯ 適量
蔥末 ⋯⋯⋯⋯⋯⋯⋯ 2 大匙

作法

01. 透抽去膜切成適當大小圈狀，備一小
碗將〔五味醬〕所有材料混合均勻。

02. 起一小鍋滾水裡頭加少許鹽巴及白
醋，將透抽燙熟後撈起瀝乾再將調好
的五味醬均勻淋上即可。

NOTES

即煮即食的時候，別忘了撒點香菜更對
味！（回熱後，香菜容易變成不討喜的黑
色，便當菜色中就可省略香菜末了。）

蠔油鮑菇豆腐

🍲 材料

嫩豆腐 ·························· 1 盒
洋蔥 ···························· 1 顆
杏鮑菇 ·························· 1 根
蒜末 ························ 1/2 茶匙
青蔥 ························ 1 大枝
辣椒 ···························· 適量
太白粉水 ······················ 適量

🧂 調味料

李錦記舊庄蠔油 ············ 1 大匙
胡椒鹽 ····················· 1/4 茶匙

🥄 作法

01. 洋蔥切絲、豆腐切塊,杏鮑菇切片,
青蔥切段備用。

02. 適量油熱鍋依序將蒜末、洋蔥絲下
鍋炒香再放杏鮑菇。拌炒均勻後將
豆腐塊放入,加入〔調味料〕及 3/4
量米杯的水小火燜煮個 5 分鐘,起
鍋前用太白粉水勾薄芡再撒上適量
辣椒片提味即可。

①茄汁蝦仁蓋飯
②麻油山蘇杏鮑菇

茄汁蝦仁蓋飯便當

[配菜①]

 茄汁蝦仁蓋飯

材料

蝦仁 ……………………… 300g
蒜末 ……………………… 1 茶匙
青蔥 ……………………… 1 大枝
辣椒 ……………………… 適量
奶油塊 …………………… 10g

醃漬料

鹽 ………………………… 1/4 茶匙
香油 ……………………… 1 大匙
米酒 ……………………… 1 大匙
胡椒鹽 …………………… 1/4 茶匙
太白粉 …………………… 1 茶匙

調味料

醬油膏 …………………… 1 大匙
番茄醬 ………………… 2 又 1/2 大匙

作法

01. 蝦仁去腸泥後和蒜末、〔醃漬料〕抓勻，青蔥切段，辣椒切片備用。

02. 適量油熱鍋，將蔥白段下鍋炒香後下醃漬好的蝦仁翻炒到蝦仁開始變色。

03. 將〔調味料〕、蔥青段、辣椒片及 4 ～ 5 大匙的水下鍋翻炒。

04. 待醬汁略濃稠時放入奶油塊，關火利用餘熱將奶油塊融化並拌勻即可。

∾ NOTES ∾

1. 蓋飯類的便當記得要先挖 1 ～ 2 大匙的醬汁在白飯上再開始鋪料，這樣回熱後的便當連米飯的滋味都會非常豐富好吃。

2. 最後加的奶油塊能讓醬汁變得更濃郁，所以不需要再另外勾芡囉！

① 塔香番茄牛肉丼
② 雪花香料炸豆腐

塔香番茄牛肉丼便當

[配菜①]
塔香番茄牛肉丼

材料

牛雪花火鍋肉片 ············· 200g
牛番茄 ··························· 2 個
九層塔 ···························· 1 大把
辣椒 ······························· 適量

調味料

醬油 ··················· 1 又 1/2 大匙
番茄醬 ················ 1 又 1/2 大匙
辣椒醬 ·························· 適量

醃漬料

米酒 ···························· 1 大匙
香油 ···························· 1 大匙
醬油膏 ······················ 1/2 茶匙
黑胡椒 ·························· 適量

作法

01. 火鍋肉片切成一口大小狀後將〔醃漬料〕加入抓勻。

02. 適量油熱鍋將肉片下鍋大火翻炒到 5 分熟後盛起。

03. 同一鍋將切成厚片狀的番茄下鍋炒出香氣後再將牛肉回鍋，加入〔調味料〕與 3/4 量米杯的水大火翻炒到湯汁略稠，加入九層塔及辣椒片拌幾下即可。

[配菜②]

雪花香料炸豆腐

 材料

板豆腐	1 塊
蛋	1 個

麵衣

胡椒鹽	3/4 茶匙
七味糖辛子	1 又 1/2 茶匙
玉米粉	4 大匙

作法

01. 板豆腐切適當大小，蛋打散，
〔麵衣〕粉料混合均勻備用。

02. 豆腐先沾蛋汁再沾上粉料，
進油鍋以攝氏 150 度炸到表
面雪白香酥即可撈起瀝油。

NOTES

1. 板豆腐切塊前記得先用廚房紙巾將多餘
水分吸乾，如此粉料才能附著的更牢
固。

2. 炸豆腐可以依個人口味調製沾醬，便當
菜色中推醬油與白醋 1：0.5 的沾醬，回
熱後麵衣吸附醬汁也一樣好吃！

3. 配菜中的蒜炒大豆苗的好吃小密技：①
大豆苗先浸泡在水中約 20 分鐘再炒，
口感會更清脆。②烹調時油量不能太
少，中大火快速翻炒，即可保持顏色鮮
綠。③也可以和蝦仁一起拌炒更加增添
風味！

①薑燒牛肉丼
②金沙乾煸四季豆

薑燒牛肉丼便當

[配菜①]

薑燒牛肉丼

 材料

牛肉片……………………250g
洋蔥……………………3/4 顆
青蔥……………………適量
辣椒……………………適量
白芝麻…………………適量

醃漬料

薑泥…………………1 又 1/2 大匙
醬油膏…………………2 大匙
米酒……………………1 大匙
香油……………………1 大匙
太白粉…………………1 茶匙

調味料

味醂……………………2 大匙
醬油膏…………………2 大匙

作法

01. 牛肉片切成合適大小片狀和〔醃漬料〕抓勻靜置 15 分鐘入味，洋蔥切細絲。

02. 適量油熱鍋，先將洋蔥絲炒軟後下醃漬好的牛肉片。

03. 翻炒到牛肉開始變色時下〔調味料〕及 5 大匙的水，稍燜煮個 1 分鐘起鍋前將適量蔥絲、辣椒絲丟入拌勻。

04. 上頭再撒上些白芝麻提味即可。

⇜ NOTES ⇝

食譜的作法薑燒的口味算是偏重的，會有帶點微微的辛辣感。如果無法接受則薑泥的分量可以減至 1 大匙。

[配菜②]

金沙乾煸四季豆

材料

四季豆 ·················· 150g
蒜末 ····················· 1 大匙
鹹蛋（熟）··············· 1 顆
糖 ························· 1/2 茶匙
白胡椒 ··················· 1/4 茶匙
辣椒丁 ··················· 適量

～ NOTES ～

這道料理除了很下飯之外，也是四季豆不小心擺放過久表面不再翠綠時的回春料理喔！

作法

01. 四季豆頭尾及邊邊粗纖維去除後用紙巾擦乾，再放入加了適量油的平底鍋中小火煸炒到表皮起皺後盛起，切成適當大小段狀。

02. 鹹蛋蛋黃與蛋白分開，蛋黃用湯匙壓碎，蛋白切成小碎丁備用。

03. 1 大匙油熱鍋，小火先將蒜末炒出香氣，再將壓碎的鹹蛋黃放入慢慢炒到變成金黃色泡泡狀。

04. 將鹹蛋白碎丁、四季豆、糖及白胡椒下鍋一起拌炒。

05. 稍微翻個幾次鍋再撒些辣椒丁就完成了！

CHAPTER

04

慢燉好下飯

冰糖醬燒牛肋・沙拉蔥花蛋卷

芋頭腐乳燒子排・燜白菜

香辣蔥燒排骨・蠔油花椰杏鮑菇

①冰糖醬燒牛肋
②沙拉蔥花蛋卷

冰糖醬燒牛肋便當

[配菜①]

冰糖醬燒牛肋

🍲 材料

牛肋 ⋯⋯⋯⋯⋯⋯⋯⋯⋯⋯ 900g
老薑 ⋯⋯⋯⋯⋯⋯⋯⋯⋯⋯ 6 片
青蔥 ⋯⋯⋯⋯⋯⋯⋯⋯⋯⋯ 1 大枝
蒜瓣 ⋯⋯⋯⋯⋯⋯⋯⋯⋯⋯ 5 瓣
八角 ⋯⋯⋯⋯⋯⋯⋯⋯⋯ 3 ～ 4 個

🧂 調味料 A

醬油 ⋯⋯⋯⋯⋯⋯⋯⋯⋯⋯ 4 大匙
冰糖 ⋯⋯⋯⋯⋯⋯⋯⋯⋯⋯ 1 大匙
花椒粉 ⋯⋯⋯⋯⋯⋯⋯⋯ 1/4 茶匙
白胡椒 ⋯⋯⋯⋯⋯⋯⋯⋯ 1/2 茶匙
米酒 ⋯⋯⋯⋯⋯⋯⋯⋯⋯⋯ 1 大匙

🧂 調味料 B

醬油 ⋯⋯⋯⋯⋯⋯⋯⋯ 4 又 1/2 大匙
水果醋 ⋯⋯⋯⋯⋯⋯⋯ 1 又 1/2 大匙
米酒 ⋯⋯⋯⋯⋯⋯⋯⋯⋯⋯ 1 大匙
番茄醬 ⋯⋯⋯⋯⋯⋯⋯ 1 又 1/2 大匙
冰糖 ⋯⋯⋯⋯⋯⋯⋯⋯⋯⋯ 1 大匙

🍴 作法

01. 適量油熱平底鍋依序將老薑片、蒜瓣（拍過）、青蔥段及辣椒段下鍋爆香。

02. 將切成適當大小塊狀的牛肋下鍋翻炒到肉質開始變色，〔調味料 A〕倒入繼續翻炒出醬色。

03. 步驟 2 移到燉鍋中，加入除了冰糖外的〔調味料 B〕及水 500ml，中大火煮滾撈去浮渣後轉小火慢燉約 80 分鐘。

04. 再將〔調味料 B〕中的冰糖加入煮約 15 分鐘到湯汁略濃稠即可關火。上桌前再撒點蔥花提味就完成囉！

👨‍🍳 NOTES

1. 久燉後的牛肋會比烹煮前的 size 小上一些，建議在切的時候可以切稍大（大約是 5 公分左右的長度）成品的賣像會比較優！

2. 紅燒過程中〔調味料〕中的「冰糖」通常都會分成兩次放，一半的分量在一開始帶出香氣和醬色，另一半的分量則在最後收汁的階段（放入約再燒 15 分鐘），肉質表面就會帶上薄薄的一層油亮感，更顯美味！

3. 八角的量過多容易使紅燒醬汁發苦，通常一鍋控制在 4 ～ 5 個左右即可。

[配菜②]

 沙拉蔥花蛋卷

材料

雞蛋	2 個
青蔥末	2 茶匙
沙拉醬	1 茶匙
黑胡椒	適量

作法

01. 取一只有深度的碗將雞蛋、沙拉醬和黑胡椒充分打勻。

02. 少量油熱平底鍋轉小火將蛋汁倒入，邊緣開始凝固時把蔥花均勻撒入並將蛋皮捲起。

03. 捲好的蛋卷收口朝下停留個 10 秒定型即可。

✽ NOTES ✽

1. 以煎炒方式烹調的蛋類料理，打蛋時不建議加水，同時攪拌的動作需要稍大將空氣打入，如此雞蛋就會更蓬鬆，香氣也會更足。

2. 反之若是做蒸蛋或是布丁類西點，打蛋的動作宜輕柔，避免將空氣打入，如此才會有滑順綿密口感。

3. 蛋汁開始凝固再放蔥花的作法很適合新手料理，可以避免蔥末直接接觸鍋子表面而過焦。

4. 沙拉醬本身調味已經足夠了，所以通常都不需要額外再加鹽囉！如果口味較重者，建議蛋卷完成後再撒上少許海鹽增味。

① 芋頭腐乳燒子排
② 燜白菜

芋頭腐乳燒子排便當

[配菜①]

芋頭腐乳燒子排

材料

豬小排	300g
芋頭	180g
紅蘿蔔	50g
辣豆腐乳	3 塊
青蔥	1 大枝
蒜末	2 大匙
辣椒	1 根
番茄醬	1 大匙

調味料 A

米酒	1 大匙
糖	1/2 茶匙
香油	1 大匙

調味料 B

醬油	1 又 1/2 大匙
米酒	1 大匙
味醂	1 大匙

作法

01. 備一小碗將辣豆腐乳用湯匙壓碎後加入〔調味料 A〕混合均勻成為醬料。取一半醬料和豬小排抓勻並靜置約 20 分鐘入味。

02. 適量油熱鍋，將豬小排下鍋炒到表面微焦香盛起。

03. 紅蘿蔔與芋頭分別切塊，將蒜末、蔥白段、紅蘿蔔、芋頭依序下鍋炒香後移到砂鍋（燉鍋）中，放入豬小排、步驟 1 剩下的腐乳醬汁、〔調味料 B〕和水約 250ml。中大火煮滾後轉小火蓋上鍋蓋燜煮約 40 分鐘

04. 最後將蔥青段、辣椒片、番茄醬放入轉中火燒約 2 ～ 3 分鐘使湯汁濃稠即可。

NOTES

芋頭塊可以事先用適量油將表面煎至金黃再下鍋，燉煮過程中就比較不會整個鬆散糊掉。

燜白菜

NOTES

疊煮方式的料理,水分含量高的蔬菜類記得一定要擺在最底層,這樣就算是烹煮過程中只添加少量的水分也可以不用擔心會沾底燒焦。如果食材都是以蔬菜菇類為主則燉煮時間不要過久(15分鐘左右),保留蔬菜在加熱過程中自然釋放的湯汁,是最為鮮美的!

材料

大白菜	200g
乾香菇	4 朵
蝦花蝦	1 大匙
蒜末	1 茶匙
蒜頭酥	1 茶匙
米酒	1 茶匙
鹽	1/4 茶匙
胡椒鹽	1/4 茶匙

作法

01. 大白菜葉柄較寬的地方對切,香菇泡熱水後切細片。(香菇水預留備用)。

02. 取一小鐵鍋或砂鍋,將大白菜葉、香菇片及櫻花蝦依序由鍋內底層向上堆疊,再放入蒜末、蒜頭酥及胡椒鹽。

03. 淋上米酒及 3 大匙預留的香菇水,將鍋蓋蓋起小火燜煮 15 分鐘。

04. 開鍋再加入鹽巴調味即可。

①香辣蔥燒排骨
②蠔油花椰杏鮑菇

香辣蔥燒排骨便當

香辣蔥燒排骨

材料

豬子排	600g
白蘿蔔	300g
乾香菇	5 朵
青蔥	100g
老薑片	5 片
辣椒	1 根
八角	3～4 個

醃漬料

醬油	2 大匙
香油	1 大匙
米酒	1 大匙
白胡椒	1/2 茶匙

調味料 A

冰糖	1 大匙
辣椒醬	2 茶匙

調味料 B

醬油	3 又 1/2 大匙
米酒	1 大匙

作法

01. 〔醃漬料〕和子排混合均勻後靜置約 30 分鐘入味。乾香菇泡熱水備用（香菇水預留）。

02. 適量油熱鍋將老薑片爆香後放入子排及〔調味料 A〕翻炒出醬色。

03. 備一燉鍋，將青蔥切成長段後鋪底，放入炒好的子排，加入香菇水及水共 300ml 及〔調味料 B〕蓋上鍋蓋小火煮 30 分鐘。

04. 再將香菇（擠乾水分切大塊），及白蘿蔔（滾刀切塊）放入再煮 30 分鐘。

05. 最後打開鍋蓋轉中火煮 15 分鐘到醬汁收至濃稠即可。

NOTES

1. 最後的成品會類似乾燒的狀態，醬汁大部分會吸附在子排上，所以一開始的醃漬調味記得不要過重喔！

2. 白蘿蔔與香菇較子排晚放能避免吸收過多醬汁而過鹹，而子排又能入味好吃！

[配菜②]

蠔油花椰杏鮑菇

材料

綠花椰	2 大株
杏鮑菇（中型）	2 根
蒜瓣	1 瓣
油蔥酥	1 茶匙
李錦記舊庄蠔油	1 茶匙
海鹽	1/4 茶匙
香油	1 茶匙

作法

01. 綠花椰切小朵和蒜瓣（切片）、油蔥酥、海鹽及香油混合均勻後放在深盤的一側。

02. 再將杏鮑菇刨成薄片淋上蠔油後放另一側。

03. 淋上 1 大匙水後放入鍋中，中大火蒸 6 分鐘後再將所有材料拌在一起即可。

∽ NOTES ∽

將綠花椰及杏鮑菇分兩側蒸煮在拌在一起的處理方式可以維持花椰菜鮮綠的顏色，杏鮑菇又能入味，大推！

新手不敗超 EASY

① 蒜香椒鹽雞腿排
② 焗烤茄汁豆腐

蒜香椒鹽雞腿排便當

[配菜①]

蒜香椒鹽雞腿排

材料

去骨雞腿排	2 片
蒜末	1 大匙
青蔥末	1 大匙
辣椒	1 根

醃漬料

海鹽	1/2 茶匙
米酒	1 茶匙
胡椒鹽	1/2 茶匙

NOTES

1. 醃漬好的雞腿排在下鍋前盡量保持皮面乾燥（也可以輕拍上薄薄的一層低筋麵粉），這樣就能煎出香脆的外皮了！

2. 將雞腿排切成小塊狀時要從肉的那一面下刀，如此比較不會皮肉分離，下刀也會容易些！

作法

01. 去骨雞腿排用廚房紙巾先將多餘水分擦除，肉質厚的部分用刀子輕劃幾刀。

02. 將〔醃漬料〕均勻抹在肉的那一面上並靜置 15 分鐘入味。

03. 少量油熱平底鍋，將雞腿排皮面朝下煎到金黃香酥後翻面將肉的部分煎到略焦即可起鍋（此時約只有 6 分熟左右）。

04. 雞腿排切成一口大小，原鍋將蒜末、青蔥末依序爆香後下雞腿肉丁，沿鍋邊嗆入 1 茶匙米酒快速翻炒至雞肉熟透，起鍋前再依個人口味加上胡椒鹽及辣椒片拌勻就完成囉！

焗烤茄汁豆腐

 材料

料理豆腐	1 盒
起司片	2 片
番茄醬	適量
黑胡椒	適量
蔥末	適量

作法

01. 料理豆腐先用廚房紙巾將多餘的水分吸乾後切成一樣大小厚度約 12 等份，放在刷了一層薄薄油的烤盤上。

02. 再把起司片也切成相同大小放在豆腐上頭。

03. 在每一份起司豆腐上擠上適量的番茄醬再依個人口味撒上黑胡椒後，放進烤箱中烤到起司略為融化，上頭撒些蔥花提味即可。

①超簡易嫩煎里肌

②燜蘿蔔

嫩煎里肌便當

超簡易嫩煎里肌

🍲 材料

豬里肌肉排……………… 3 片
蒜瓣……………………… 2 個

🍚 醃漬料

香油 ………………………… 1 大匙
李錦記
蜜汁烤肉醬………… 1 又 1/2 大匙
黑胡椒 …………………… 適量
米酒 ………………………… 1 茶匙
辣椒粉 …………………… 適量

🍴 作法

01. 豬里肌肉排隔著保鮮膜（或用塑膠
袋裝好）用肉錘敲薄後，蒜瓣壓成
泥及〔醃漬料〕加入。

02. 將〔醃漬料〕與肉排按壓均勻後靜
置約 15 ～ 20 分鐘，適量油熱平底
鍋下鍋煎到兩面微焦香即可。

⌒ NOTES ⌒

煎好的肉排請靜置 1 ～ 2 分鐘後再切，如
此美味的肉汁就不會流失喔！

[配菜②]

燜蘿蔔

材料

白蘿蔔	200g
紅蘿蔔	30g
香菇貢丸	2 個
八角	2 個
蒜末	1 茶匙
辣椒末	少許
青蔥末	少許

調味料 A

米酒	1 茶匙
胡椒鹽	1/4 茶匙

調味料 B

醬油	1 又 1/2 大匙
白胡椒	1/4 茶匙
白醋	1/4 茶匙

作法

01. 備一只小陶鍋依序將白、紅蘿蔔片（約 0.8 公分厚度），蒜末、八角、辣椒末、〔調味料 A〕及 4 大匙水放入，蓋上蓋子小火燜煮約 10 分鐘

02. 開蓋後將〔調味料 B〕倒入拌勻蓋上鍋蓋再燜煮 5 分鐘。

03. 最後將貢丸切片放入再燜煮 3 分鐘，隨意撒上點蔥末提味就完成囉！

NOTES

這種類似疊煮法的一鍋到底料理，易生水分的食材（例如大白菜、蘿蔔…）記得一定都要放在最底部，在藉由烹煮過程中食材本身釋放出的湯汁把其他食材一併煮熟。如此一來調味料也只需少量與簡單化，更能吃出食材本身的清甜。也可以組合另一道一鍋到底配菜（見下頁）。

①超簡易嫩煎里肌
②油豆腐什錦煮

油豆腐什錦煮便當

[配菜②]

🌾 油豆腐什錦煮 🌾

🍲 材料

油豆腐⋯⋯⋯⋯⋯⋯200g
洋蔥⋯⋯⋯⋯⋯⋯1/2 顆
乾香菇（小）⋯⋯⋯ 8 朵
蒜末⋯⋯⋯⋯⋯⋯1 茶匙
冷凍豌豆⋯⋯⋯⋯2 大匙
辣椒片⋯⋯⋯⋯⋯適量

🧂 調味料

醬油⋯⋯⋯⋯⋯⋯2 大匙
味醂⋯⋯⋯⋯⋯⋯1 大匙
胡椒鹽⋯⋯⋯⋯⋯1/2 茶匙
辣椒醬⋯⋯⋯⋯⋯1/4 茶匙

🍴 作法

01. 乾香菇泡熱水擰乾切大丁塊狀，香菇水預留備用。

02. 適量油熱鍋，依序將蒜末、洋蔥（切小片）、香菇片及油豆腐（三角油豆腐對切成片）下鍋翻炒出香氣。

03. 倒入〔調味料〕、香菇水1 量米杯及冷凍豌豆，蓋上鍋蓋燜煮 10 分鐘。

04. 起鍋前加適量辣椒片提味即可。

①醬燒魚排蓋飯
②韓式花枝煎餅

醬燒魚排便當

［配菜①］

🌾 醬燒魚排蓋飯 🌾

🍲 材料

魚排	250g
蒜末	1 大匙
青蔥	1 大枝
辣椒	適量
蛋黃	1 個

🥣 醃漬料

薑泥	1/2 茶匙
鹽	1/4 茶匙
白胡椒	1/2 茶匙
米酒	1 大匙

🧂 調味料

李錦記舊庄蠔油	1 又 1/2 大匙
番茄醬	1 大匙
辣椒醬	1/2 茶匙
白醋	1/2 茶匙
米酒	1 茶匙

 NOTES

蛋黃抹上魚片後再煎，不但能有效避免魚片沾鍋，而且還有去腥的作用，大推！

🍴 作法

01. 魚排用廚房紙巾吸除多餘水分後把〔醃漬料〕均勻撒上靜置 15 分鐘入味。

02. 將蛋黃打散，醃漬好的魚排沾上蛋黃液再放入加了適量油熱好的平底鍋中，煎到兩面金黃焦香盛起。

03. 同一鍋補上少許油，把蒜末炒香後倒入〔調味料〕及 2 大匙的水煮開。

04. 將煎好的魚片放回鍋中，中小火燜煮約 3 ～ 4 分鐘，待醬汁略收濃稠時撒上青蔥段和辣椒片提味即可。

[配菜②]

韓式花枝煎餅

材料

花枝	100g
高麗菜	100g
韭菜	40g
青蔥末	2 大匙
洋蔥	1/2 顆
蛋	1 個
低筋麵粉	100g
太白粉	1 大匙

調味料

醬油膏	2 大匙
韓式辣醬	1 大匙
香油	1 大匙
胡椒鹽	1/2 茶匙
蜂蜜	2 茶匙

作法

01. 花枝切片、高麗菜及洋蔥切絲、韭菜切末備用。

02. 取一深盆將所有食材及〔調味料〕充分混合均勻稍靜置個 10 分鐘備用。

03. 適量油熱平底鍋，下鍋前將餡料攪拌一次再統統倒入鍋中，小火慢煎到底部金黃焦香定型後翻面亦同。

04. 取出後切成小塊方便取食即可。

①簡易版沙嗲牛肉
②花椰起司烤丸子

簡易版沙嗲牛肉便當

簡易版沙嗲牛肉

材料

牛炒肉片	400g
洋蔥	1 顆
高麗菜	150g
辣椒	1 根
青蔥	1 大枝
蒜末	1 茶匙

醃漬料

醬油膏	1 大匙
米酒	1 大匙
香油	1 大匙
黑胡椒	適量
太白粉	1 茶匙

沙嗲醬

沙茶醬	1 大匙
花生醬	2 大匙
番茄醬	1 又 1/2 大匙
醬油	1 茶匙
檸檬汁	1 大匙

作法

01. 將〔醃漬料〕倒入牛炒肉片中抓勻備用。

02. 取一只小碗將〔沙嗲醬〕材料全部倒入，並加入 1 又 1/2 大匙的水調勻。

03. 平底鍋放入適量油後，將醃漬好的牛肉片倒入炒到肉片開始變色，加入一半步驟 2 調好的沙嗲醬炒勻盛起（此刻牛肉片大約 5 分熟左右）。

04. 將洋蔥切片下鍋炒到略軟後，高麗菜片下鍋翻炒出香氣。

05. 牛肉片回鍋，將剩下另一半的調好的沙嗲醬及 1 又 1/2 杯量米杯的水倒入。翻炒到醬汁略帶濃稠，起鍋前加入蔥段及辣椒絲再灑點香菜提味即可。

NOTES

簡易沙嗲醬的調製當中，檸檬汁有畫龍點睛的效果所以不可省略喔！手邊沒有的話也可以用白醋或果醋代替。另外因為各家廠牌花生醬的調味差異很大，所以在口味和比例上請再自行略做調整！

［配菜②］

花椰起司烤丸子

材料

綠花椰菜	150g
雞蛋	1 個
焗烤用起司絲	3 大匙
培根	3 片
麵包粉	5 大匙
低筋麵粉	1 又 1/2 大匙
黑胡椒	1/2 茶匙
海鹽	1/4 茶匙

作法

01. 起一鍋滾水（裡頭放 1/2 茶匙的鹽）將花椰菜汆燙後撈起瀝乾切小丁塊。

02. 將培根切小片放入鍋中乾煎出香氣後盛起。

03. 備一只深盆，將花椰丁、培根片和其他所有的材料混合均勻，再用手捏成小圓球狀。（食譜分量我是做了 8 個左右）。

04. 放進預熱好的烤箱中，以攝氏 200 度烤到表面金黃微焦即可！

NOTES

這是道專門給不喜歡青菜大朋友或小朋友們也可以開心完食的專屬料理！綠花椰可以用白花椰取代，裡頭其他的材料也可以任意搭配，唯獨要注意不要選擇過度會釋放水分的蔬菜即可。培根的鹹香是整道料理很重要的靈魂，所以建議一定要保留著喔！

異國料理好風味

① 鮭魚筆管麵
② 焗烤奶油白菜

鮭魚筆管麵便當

[配菜①]
🌾 鮭魚筆管麵 🌾

🍲 材料

鮭魚 …………………… 200g
杏鮑菇 …………………… 2 根
洋蔥 …………………… 1/2 顆
筆管麵 …………………… 180g
奶油塊 …………………… 10g
帕馬森起司絲 ……… 1 大匙
海鹽 ………………… 1/2 茶匙
白酒 ………………… 1 大匙
蒜末 …………………… 1 茶匙
鮮奶油 …………………… 15ml
黑胡椒 …………………… 適量

🥣 醬汁

蛋黃 …………………… 1 個
原味優格 …………………… 160g
帕馬森起司絲 ……… 1 大匙
海鹽 ………………… 1/4 茶匙
黑胡椒 …………………… 適量

🍴 作法

01. 鮭魚去皮並將魚刺去除後切塊，備一深碗將〔醬汁〕中的所有材料打勻。

02. 滾水加入約 1 茶匙的鹽及少許橄欖油，將筆管麵放入後中大火煮 4 分鐘（要維持在水滾的狀態）。關火蓋上鍋蓋燜 3 分鐘，即可撈出沖冷水備用。

03. 適量油熱鍋，依序將蒜末、洋蔥絲炒香。（炒蒜末時將奶油塊放入一起拌炒）。

04. 再將切片的杏鮑菇放入和洋蔥絲炒勻後撥到四周，中間放鮭魚塊並撒上黑胡椒、白酒，半煎炒到鮭魚約 7 分熟。

05. 將筆管麵及 3 大匙煮麵水倒入，維持小火緩緩將調好的〔醬汁〕倒入。（一邊輕輕用鍋鏟拌勻）帕馬森起司絲、海鹽、黑胡椒及鮮奶油放入，輕拌炒到起司融化即可。

06. 盛盤後上頭再隨意撒上一些帕馬森起司絲就完成了！

NOTES

1. 鮭魚在烹煮後比較容易碎裂，所以切稍大塊為佳。

2. 步驟 2 的作法煮出來的麵身會稍偏硬，適合要回熱的便當菜。如果直接上桌食用，可以將燜的時間拉長為 4 分鐘，口感就會剛剛好！

3. 用優格取代鮮奶（鮮奶油）調製蛋奶醬，可以讓白醬帶有不膩口的清爽風，大推！

4. 鮮奶或鮮奶油放入熱鍋時，維持小火並且不過度烹煮，（醬汁和食材拌勻即可）就比較不會發生奶水分離的狀況。另外鮮奶／鮮奶油在烹調前也要先從冰箱中取想要的分量在室溫下回溫約 10 分鐘，避免與熱鍋內的食材溫差過大也能有效改善！

[配菜②]

焗烤奶油白菜

材料

大白菜（小棵的）……………	3/4 棵
低脂培根 ………………………	3 片
蒜末 …………………………	1 茶匙
焗烤用起司絲 ………………	3 大匙
鹽 ……………………………	適量
黑胡椒 ………………………	適量

白醬

鮮奶 …………………………200ml
奶油塊 ………………………… 15g
麵粉 …………………………… 20g
鹽 ……………………………1/4 茶匙
黑胡椒 ………………………… 適量

作法

01. 培根切成小丁、白菜用手剝成適當大小備用。

02. 乾鍋將蒜末、培根末炒香後加入白菜，和少許的鹽、黑胡椒一起拌炒幾下後蓋上鍋蓋燜約 3 分鐘。

03. 燜好的白菜盛出。（菜汁另外用一個小碗裝起來。）在燜白菜的同時另起一鍋子，將〔白醬〕中的奶油融化後放入麵粉小火拌炒至麵糊狀。

04. 鍋中再慢慢加入鮮奶，（要一邊攪拌一邊加）到完全變成光滑的麵糊狀時再加入〔白醬〕中的鹽和黑胡椒調味。簡易的白醬製作完成。（麵糊太過濃稠時可以加入步驟 3 的菜汁稀釋，我大約有加了半碗的量）。

05. 取一只深烤盤，放上培根白菜後，倒入白醬，再灑上起司絲。蓋上烘焙紙，用一般家用小烤箱烤約 10 分鐘，最後 2 分鐘時要掀開烘焙紙讓表面的起司金黃微焦就完成囉！

①泰式香煎小雞腿
②鳳梨牛肉炒飯

泰式香煎小雞腿便當

[配菜①]

泰式香煎小雞腿

🍲 材料

小雞腿·······················15 隻
蒜末·················· 1 又 1/2 大匙
香菜···························適量
辣椒末·························適量

🧂 調味料

米酒···························2 大匙
泰式甜雞醬······················4 大匙
魚露···························1 大匙
檸檬汁·························3 大匙

🥄 作法

01. 小雞腿用少許黑胡椒（分量外）抓
匀後放入加了適量油熱的平底鍋，
中小火慢煎。皮較多的那一面先
下蓋上鍋蓋煎到金黃微焦（約 5 分
鐘），翻面也是再煎 5 分鐘。

02. 將〔調味料〕和蒜末倒入鍋中加入
2 ～ 3 大匙水，蓋上鍋蓋煮約 4 分鐘
讓醬汁收到略濃稠。

03. 起鍋前撒上香菜和辣椒末即可。

NOTES

香菜回熱容易發黑所以入便當菜時請挑
掉，如果真的想保留香氣則留下香菜梗
即可。

[配菜②]

鳳梨牛肉黃金炒飯

材料

冷飯 ···················· 3 碗
牛肉片 ·················· 200g
雞蛋 ···················· 2 顆
鳳梨切片（罐頭裝）··· 6 片
洋蔥 ···················· 1/2 顆
青蔥末 ·················· 2 大匙
胡椒鹽 ·················· 適量

醃漬料

醬油 ············· 1 又 1/2 大匙
黑胡椒 ·············· 1/4 茶匙
米酒 ···················· 1 茶匙
鳳梨汁（罐頭）······· 1 茶匙
香油 ···················· 1 大匙
太白粉 ·················· 1 茶匙
咖哩粉 ·················· 1 茶匙

調味料

醬油 ···················· 1 大匙
魚露 ···················· 1 大匙
泰式甜辣醬 ············· 1 大匙

作法

01. 雞蛋加適量黑胡椒打勻後倒入冷飯中靜置約 5 分鐘，讓冷飯均勻吸收蛋液後拌開。

02. 牛肉切小片，將〔醃漬料〕倒入抓勻；洋蔥切末，鳳梨片切小塊狀備用。

03. 適量油熱鍋將步驟 1 的米飯倒入仔細翻炒成鬆散的黃金炒飯後盛起。

04. 同一鍋補上少許油，先將洋蔥末炒香，醃漬好的牛肉片下鍋快速翻炒到牛肉開始變色再將黃金炒飯倒入拌勻。

05. 〔調味料〕事先用一只小碗調勻後倒入鍋中快速翻炒，起鍋前放入鳳梨片及青蔥末，翻炒幾下就完成了！

NOTES

1. 添加適量鳳梨罐頭中的鳳梨汁在醃漬醬汁中，可以幫助肉質在烹煮的過程中更軟嫩好吃。

2. 隔夜冷飯通常較硬也比較容易結在一起，浸泡在蛋液中只要靜待個幾分鐘當米飯開始吸收蛋液時就會很容易拌開了！

3. 黃金炒飯和一般的炒飯相較之下，會需要多一點點油將其炒到鬆散，口感也不致太乾。

4. 鳳梨片在起鍋前再下可以避免炒飯口感過濕。含水量較高的食材或調味儘量在起鍋前的步驟再放入炒飯中，火候要轉中大火並且快速翻炒，如此就能有粒粒分明的炒飯了！

① 蜂蜜蒜香煎鮭魚
② 奶油蔬菜炒菇

蜂蜜蒜香煎鮭魚便當

[配菜①]

蜂蜜蒜香煎鮭魚

材料
鮭魚 ……………… 1 片（約 350g）
蒜末 ………………… 1 又 1/2 大匙

醃漬料
海鹽 …………………………… 1/2 茶匙
黑胡椒 ………………………… 1/2 茶匙

調味料
蜂蜜 ……………………… 2 又 1/2 大匙
啤酒 ……………………………… 4 大匙
檸檬汁 …………………………… 1 大匙
李錦記蒸魚醬油 …… 1 又 1/2 大匙

作法
01. 鮭魚用廚房紙巾將多餘水分吸乾後，切成適當大小塊狀並將〔醃漬料〕均勻灑在魚肉上靜置約 10 分鐘。

02. 適量油熱平底鍋將鮭魚煎到兩面金黃焦香後加入蒜末拌炒。

03. 取一只小碗先將〔調味料〕調勻後倒入鍋中，中小火煮到醬汁略為濃稠即可。

NOTES

1. 鮭魚本身的油脂含量比較高，所以煎的過程中只要確實熱好鐵鍋，再放少量油就可以了。

2. 檸檬小切片在鮭魚盛盤上桌時有很好的提味及裝飾作用，但因為回熱有時皮會發苦，所以便當菜色可省略。

[配菜②]

奶油蔬菜炒菇

材料

蘑菇	80g
杏鮑菇	80g
蘆筍	60g
牛番茄	1 顆
大蒜	2 瓣
奶油塊	10g
洋香菜	1/2 茶匙
黑胡椒	1/4 茶匙
海鹽	1/3 茶匙
巴薩米可酒醋	1 又 1/2 大匙

作法

01. 蘑菇及杏鮑菇切厚片、番茄切大丁、蘆筍切小段、蒜瓣切片備用。

02. 奶油塊加少許橄欖油熱鍋後，將蒜片和洋香菜一起下鍋炒香。

03. 再放番茄丁、蘆筍段和蘑菇、杏鮑菇片，翻炒到菇類略上焦糖色。

04. 將海鹽、黑胡椒和巴薩米可酒醋放入鍋中，翻炒幾下到菇類略軟即可。

NOTES

1. 起鍋時可以再拌入一點點奶油塊，利用鍋中餘熱將奶油塊融化，可使料理風味更佳！

2. 當成排餐配菜，或是放在法國麵包上灑點起司絲焗烤後成午間輕食也都很棒。

①烤肋排
②香辣醬炒茄子

烤肋排便當

[配菜①]

烤肋排

材料

豬肋排·········· 8 根（約 880g）
馬鈴薯·························· 1 個
番茄 ·························· 1 顆
洋蔥 ·························· 1 顆
蔥 ························· 1 大枝

調味料 A

蘋果汁······················250ml
蒜末 ······················· 1 大匙
黑胡椒·····················1/2 茶匙
米酒 ······················· 1 大匙
橄欖油 ····················· 1 大匙
辣椒粉 ······················· 適量

調味料 B

海鹽 ·····················1/3 茶匙
洋香菜 ····················1/2 茶匙
黑胡椒 ······················· 適量

調味料 C

醬油膏········ 3 又 1/2 大匙
甜辣醬·························2 大匙
五香粉·····················1/2 茶匙

作法

01. 用叉子將肋排輕叉出小洞後，取一只夾鏈袋將肋排和〔調味料 A〕及蔥段（用刀背拍過）放入並搖晃均勻。

02. 夾鏈袋平放在有深度的烤盤上，放入冷藏 1 小時以上。（若時間足夠則隔夜最佳！冷藏一段時間時要將夾鍊袋翻面，讓肋排上下面都能均勻泡到醬汁）。

03. 將馬鈴薯、洋蔥切片，番茄切大丁放入烤盤中，加入〔調味料 B〕拌勻。

04. 準備一只深碗，將〔調味料 C〕調勻備用。

05. 先將夾鍊袋中的醬汁均勻倒在蔬菜上，再將肋排排在上頭，仔細刷上步驟 4 的醬汁（醬汁要留下約 1 大匙備用），蓋上烘焙紙（上面用牙籤刺出一些透氣孔），放入預熱好的烤箱，以攝氏 210 度烤 60 分鐘。

06. 烤到最後剩約 8 分鐘時，將上蓋的烘焙紙掀開，刷上步驟 5 預留的醬，將溫度調至攝氏 190 度放回烤箱中烤至時間結束即可。

[配菜②]

香辣醬炒茄子

材料

茄子	2 根
杏鮑菇	2 大根
蒜瓣	2 瓣
九層塔	1 大把
辣椒	1 根

調味料

醬油	2 又 3/4 大匙
糖	1/4 茶匙
胡椒鹽	1/4 茶匙
白醋	1 茶匙
米酒	1 大匙

作法

01. 將茄子對切成半後再切成細長條狀，皮面朝下進油鍋炸好起鍋瀝油備用。

02. 杏鮑菇切小塊、蒜瓣與辣椒切片。

03. 少量油熱鍋，先將蒜片炒香後依序下杏鮑菇、茄子、〔調味料〕、九層塔及辣椒片，中大火快速翻炒均勻即可。

NOTES

茄子進油鍋時記得一定要皮面朝下且避免過程中向上翻動接觸到空氣，如此就可以保持漂亮的紫色囉！油炸時將茄子放入後可以用大濾杓在上頭輕壓減少翻動。

① 無水烹調茄汁
　燉牛肋
② 奶油起司歐姆蛋

無水烹調茄汁燉牛肋便當

［配菜①］
無水烹調茄汁燉牛肋

材料

牛肋	600g
大白菜	400g
洋蔥	1 顆
牛番茄	2 個
蒜瓣	2 瓣
蘑菇	10 朵
冷凍青豆仁	2 大匙
低筋麵粉	適量
紅酒	100ml

醃漬醬

醬油	1 大匙
海鹽	1/2 茶匙
黑胡椒	1/2 茶匙
橄欖油	1 大匙

調味料

番茄羅勒醬	6 大匙
醬油	2 大匙
辣椒醬	1/2 茶匙

作法

01. 牛肋切成適當大小塊狀後和〔醃漬料〕混合均勻，靜置約 15 分鐘入味。

02. 取一深鐵鍋（或陶鍋），加入適量油熱鍋後將蒜片炒香，再放入拍上薄薄麵粉醃漬好的牛肋，半煎炒到表面焦香後盛起。

03. 同一鍋底部加水約 20ml 後放入切成片狀的大白菜，蓋上鍋蓋燜煮 10 分鐘。

04. 再將炒好的牛肋放入燉鍋中，（此時大白菜在燜煮下已經釋放出非常多水分了），把〔調味料〕中的番茄羅勒醬倒在牛肋上。繼續蓋上鍋蓋小火燜煮 10 分鐘。

05. 洋蔥切片、牛番茄切大塊狀放入鍋中，將〔調味料〕中的其他材料及紅酒倒入後，蓋上鍋蓋繼續煮約 40 分鐘。

06. 開鍋蓋放入切大丁狀的蘑菇及冷凍青豆仁，轉中火將燉鍋內的醬汁燒到濃稠（約 5 分鐘左右）即可。

NOTES

1. 煎完牛肋的鍋底如果火候不小心太大有
   些許燒焦沾底的情況時,記得先用廚房
   紙巾將過度焦黑的部分擦掉加入 2 大匙
   紅酒煮開後,再放入其他食材燉煮即可。

2. 層層疊煮無水烹調的訣竅在於利用食材
   釋放水分與耐煮或易熟程度調整下鍋的
   順序,新手嘗試建議依照食譜作法操作
   一次,是道不敗料理喔!

[配菜②]

超滑嫩奶油起司歐姆蛋

材料

蛋 ·························· 2 個
奶油塊 ······················ 3g
鮮奶 ······················ 20ml
焗烤用起司絲 ··········· 1 大匙
黑胡椒 ···················· 適量
海鹽 ························ 少許

作法

01. 將奶油塊放入微波爐中融化後放稍
    涼再和蛋及鮮奶打勻。

02. 打好的奶油蛋液放入加了少許油熱
    好的平底鍋中小火慢煎。

03. 蛋液四周開始凝固時放入起司絲及
    黑胡椒,並從一端利用鍋鏟將蛋輕
    輕捲起,收口朝下煎至定型,最後
    再灑上海鹽調味即可。

❧ NOTES ❧

將奶油塊放入微波爐融化時,記得
要將微波爐調成低功率,並且覆蓋
上耐熱的保鮮膜避免油爆。

聰明烤箱好省時

啤酒檸檬烤雞．培根南瓜

紐澳良風味烤雞肉．香蒜奶油高麗菜

超簡易蜜汁叉燒．塔香番茄荷包蛋

啤酒檸檬烤雞肉便當

①啤酒檸檬烤雞
②培根南瓜

[配菜①]

啤酒檸檬烤雞肉

材料

去骨雞腿排…………2 片
蒜末………………2 茶匙
栗子南瓜（小）……1 顆
海鹽適量

醃漬料

啤酒………………6 大匙
檸檬汁……………3 大匙
醬油膏……………2 大匙
番茄醬……………3 大匙
黑胡椒……………適量

作法

01. 取一只有深度的碗將蒜末和所有
〔醃漬料〕調勻，將雞腿排用廚
房紙巾擦去多餘水分後切成一口
大小的塊狀，放入醃漬料中，靜
置 1 個小時入味。

02. 栗子南瓜切連皮切成小塊狀，放
在烤盤的底部並撒上適量的海
鹽。

03. 將醃漬好的雞腿肉丁連同醃漬醬
汁一起倒入烤盤中，放進預熱好
的烤箱中以攝氏 220 度烤 18 分鐘
即可。

[配菜②]

培根南瓜

 材料

烤好的南瓜塊 ·················適量
培根片 ························· 2 片
青蔥末 ························· 1 大匙

作法

01. 將培根片切細末乾鍋煎香後
　　再把青蔥末放入一起拌炒均
　　勻。

02. 和啤酒檸檬烤雞肉一起烘烤
　　的南瓜塊取出，撒上香蔥培
　　根丁與烤盤中適量醬汁，再
　　用少量黑胡椒提味即可。

NOTES

1. 栗子南瓜連皮一起烤，皮面帶有口感果
　 肉鬆軟入味，大推！

2. 南瓜和雞肉一起烘烤除了豐富料理的滋
　 味外，也能有效節省時間。但是培根丁
　 因為油脂含量較高，所以建議採用作法
　 中分開處理再混合，如此料理就能滋味
　 滿滿又不失清爽了。

3. 南瓜的挑選方式：①表皮硬度夠，稍用
　 點力氣掐下去不留任何痕跡的表示南瓜
　 的熟度夠是老瓜。而通常老瓜因為水分
　 蒸發較多所以也較甜。②帶梗蒂的表示
　 新鮮度夠，較能長時間保存。③用手輕
　 敲打，會出現悶悶的聲音也表示熟度較
　 夠。

①紐澳良風味
　烤雞肉
②香蒜奶油高麗菜

紐澳良風味烤雞肉便當

[配菜①]

🌾 紐澳良風味烤雞肉 🌾 ....

🍲 材料

去骨雞腿排…2 片（約 300g）
洋蔥 ……………………………… 1 顆

🥣 乾醃漬料

鹽 ……………………………… 1/4 茶匙
黑胡椒 ……………………………… 1/2 茶匙
辣椒粉 ……………………………… 1/4 茶匙

🥣 濕醃漬料

醬油 ……………………………… 2 大匙
巴薩米可酒醋 ……………… 1 大匙
酒 ……………………………… 1 大匙
蒜泥 ……………………………… 1 大匙
蜂蜜 ……………………………… 1/2 大匙

🥣 甜酸醬料

番茄醬 ……………………………… 3 大匙
甜辣醬 ……………………………… 1 茶匙
糖 ……………………………… 1/2 茶匙
檸檬汁 ……………………………… 2 茶匙

🍴 作法

01. 去骨雞腿排用廚房紙巾吸去多餘水分後切成一口大小狀。〔乾醃漬料〕均勻灑在上頭並輕壓按幫助入味。

02. 取一個密封袋將雞肉丁放入並加入〔濕醃漬料〕封好，晃動使醬料混合均勻後平放進冷藏至少約 30 分鐘。（中途可以將密封袋上下翻面，讓雞肉每一面都能浸泡到醬汁）。

03. 將醃漬入味的雞肉丁、洋蔥（切小片），放在有深度的烤盤一側。烤盤的另一側將香蒜奶油高麗菜的食材用烘培紙包好放入（請參考小筆記圖片）。進預熱好的烤箱中以 200 度先烤 10 分鐘。

04. 烤盤拿出，調好的〔甜酸醬料〕刷在雞肉丁上；包覆香蒜奶油高麗菜的烘培紙打開。再放回烤箱以上火 220 度下火 200 度烤 10 分鐘即可。

◦ NOTES ◦

1. 香蒜奶油高麗菜材料請見下篇食譜。分段入烤箱的作法可以有效節省烹調時間，以烘培紙隔開兩道料理也可以避免醬汁味道互相影響，料理完成後取出也非常方便。

2. 烤雞肉與蔬菜烤盤擺放參考圖：

3. 紐澳良風味烤雞肉〔甜酸醬料〕中的甜辣醬，若能吃辣則可以 Tabasco 取代，食譜中使用甜辣醬是小朋友也能接受的微微辣度配方喔！

[配菜②]

香蒜奶油高麗菜

材料

高麗菜葉	150g
新鮮香菇	3 朵
紅蘿蔔	1 小段
蒜末	1 大匙
奶油塊	10g
海鹽	1/3 茶匙
黑胡椒	適量
橄欖油	1 茶匙

作法

01. 將高麗菜葉、紅蘿蔔片、香菇塊、蒜末依序放入烤盤的烘培紙中。

02. 淋上橄欖油，奶油塊分成小塊分散放入，均勻灑上海鹽與黑胡椒後將烘培紙包起即可進入烤箱。

03. 入烤箱後的操作方式請見上篇〔紐澳良風味烤雞肉〕的作法即可。

NOTES

若能接受點酒香的烤蔬菜，添加 1 茶匙的微甜白酒或是蘋果酒一起烤會更風味獨具！

①超簡易蜜汁叉燒
②塔香番茄荷包蛋

超簡易蜜汁叉燒便當

[配菜①]

超簡易蜜汁叉燒

🍲 材料

豬梅花肉排⋯⋯⋯2 大片（約 600g）

🍚 醃漬料

李錦記蜜汁烤肉醬⋯⋯4 又 1/2 大匙
蒜末⋯⋯⋯⋯⋯⋯⋯1 又 1/2 大匙
醬油⋯⋯⋯⋯⋯⋯⋯⋯⋯3/4 大匙
米酒⋯⋯⋯⋯⋯⋯⋯⋯⋯⋯2 大匙
白胡椒⋯⋯⋯⋯⋯⋯⋯⋯⋯適量
香油⋯⋯⋯⋯⋯⋯⋯⋯⋯⋯1 大匙
蔥段⋯⋯⋯⋯⋯⋯⋯⋯⋯⋯適量
辣椒絲⋯⋯⋯⋯⋯⋯⋯⋯⋯適量

🍚 蜜汁醬

蜂蜜⋯⋯⋯⋯⋯⋯⋯⋯1 又 1/2 大匙
番茄醬⋯⋯⋯⋯⋯⋯⋯1 又 1/2 大匙
黑胡椒⋯⋯⋯⋯⋯⋯⋯⋯⋯適量

🍴 作法

01. 豬梅花肉排用廚房紙巾吸除多餘水分後，用叉子在上頭叉一些洞。

02. 將〔醃漬料〕混合均勻（蔥段要先用刀背拍過），和肉排一起放到夾鏈袋中搖晃混合均勻入味。（大約停留 20 分鐘）

03. 醃漬好的肉排放進預熱好的烤箱以大約攝氏 190 度～ 200 度烘烤 20 分鐘即可。

04. 在等待烘烤的同時備一只小碗將〔蜜汁醬〕調勻，在最後三分鐘把蜜汁醬刷在肉排上再放回烤箱烘烤到時間結束。超簡易版的蜜汁叉燒就完成了！

🍳 NOTES

1. 選擇油花分布越細密的豬梅花肉塊，烹調完成後也越軟嫩！

2. 烤好的蜜汁叉燒記得要靜置 3 ～ 5 分鐘後再切片，避免肉汁流失！

3. 另有電鍋版的蜜汁叉燒作法請見上一本食譜《布魯媽媽的幸福食堂：輕鬆煮就好吃，200 道停不了口的美味秒殺料理！》。

[配菜②]
塔香番茄荷包蛋

🍲 材料

雞蛋 ……………………… 1 個
牛番茄 ………………… 1/4 個
九層塔 …………………… 少許
胡椒鹽 …………………… 適量

🍴 作法

01. 牛番茄切小丁,九層塔取葉
切細末備用。

02. 適量油熱平底鍋將蛋打入後
小火慢煎,待周圍蛋白開始
凝固時將番茄丁和九層塔末
擺在上頭。

03. 底部煎熟時翻面再煎出香氣,
起鍋前撒上胡椒鹽調味即可。

❧ NOTES ❧

1. 蛋白周圍開始凝固時就要及時放上番茄
丁,等荷包蛋一面確實凝固了再翻面,
這樣就能讓番茄丁和蛋緊緊貼附而創造
出不一樣的風味喔!

2. 荷包蛋兩面都煎香時上頭也可以放上起
司片,利用鍋內餘熱將起司片融化一起
吃也非常美味!

歡樂分享不寂寞

酥炸蝦肉丸子・高麗菜煎餅

泡菜烤雞肉卷・鮪魚玉米起司烘蛋

咖哩香料烤雞腿・番茄蝦仁奶油飯

①酥炸蝦肉丸子
②高麗菜煎餅

酥炸蝦肉丸子便當

[配菜①]

酥炸蝦肉丸子

材料

蝦仁	150g
豬絞肉	70g
蔥	1 大枝
蒜瓣	2 ～ 3 個
蛋	1 個
麵包粉	2 大匙

調味料

醬油膏	2 又 1/3 大匙
米酒	1 大匙
香油	1 茶匙
白胡椒	1/4 茶匙

作法

01. 蝦仁用紙巾吸乾水分，蔥、蒜切末備用。

02. 蝦仁稍拍過後剁碎。（不需要拍成泥狀，保留一點蝦仁顆粒口感會更好），加入絞肉、蔥、蒜末，麵包粉、蛋和〔調味料〕後充分拌勻。

03. 用手捏成丸子狀並輕輕在手掌內左右甩打後下油鍋。油溫大約 150 度炸到表面金黃香酥起鍋前轉大火逼油就完成囉！

[配菜②]
高麗菜煎餅

材料

高麗菜	150g
紅蘿蔔	20g
新鮮香菇	3 朵
蛋液	1 大匙
低筋麵粉	2 大匙

調味料

鹽	1/4 茶匙
胡椒鹽	1/2 茶匙
香油	1 茶匙

作法

01. 高麗菜切碎、香菇切薄片、紅蘿蔔刨細絲備用。

02. 高麗菜碎先和 1/2 茶匙鹽巴混合，並用手擠出水分。

03. 備一有深度的大碗將高麗菜碎、紅蘿蔔絲、香菇片、蛋液、低筋麵粉及所有〔調味料〕攪拌均勻。

04. 適量油熱平底鍋，用大湯匙挖取適量步驟 3 放入鍋中，用鍋鏟輕壓成圓餅狀，待一面煎至金黃微微焦定型之後翻面，一樣煎至金黃微焦定型即可。

NOTES

食譜中雖然麵粉與蛋液的用量不多，但和餡料確實攪拌均勻後放入鍋中小火慢煎，是完全可以定型不會鬆散的。蔬食的朋友也沒問題！

① 泡菜烤雞肉卷
② 鮪魚玉米起司
　烘蛋

泡菜烤雞肉卷便當

[配菜①]

泡菜烤雞肉卷

材料

去骨雞腿排	2 片
泡菜	50g
青蔥絲	適量
辣椒粉	適量
黑胡椒	適量
洋香菜	適量

醃漬料

蒜泥	1 茶匙
醬油膏	2 茶匙
米酒	1 大匙
白胡椒	適量

作法

01. 去骨雞腿排用廚房紙巾擦去多餘水分後，均勻抹上〔醃漬料〕，肉質厚的地方可以先用菜刀劃上幾刀。

02. 將泡菜和青蔥絲排在腿排的一邊。

03. 將腿排緊緊捲起後用鋁箔紙包好左右扭緊固定。放入預熱好的烤箱中以攝氏 230 度烤約 25 分鐘即可。烤好的雞肉卷依個人喜好灑上適量的辣椒粉、黑胡椒、洋香菜即可。

04. 待雞肉卷稍涼的時候即可切成一卷一卷的盛盤上桌。

NOTES

1. 雞肉卷在烤的過程中難免會有湯汁溢出，所以最好能放在烤盤上再烤！

2. 完成的雞肉卷，靜置降溫能讓肉卷定型，切塊時也不致鬆散。

[配菜②]
🌾 鮪魚玉米起司烘蛋 🌾

🍲 材料

水煮鮪魚片 ················· 2 大匙
雞蛋 ····················· 4 個
玉米粒 ···················· 2 大匙
起司絲 ···················· 1 大匙
青蔥 ····················· 1 根
黑胡椒 ··················· 1/4 茶匙
胡椒鹽 ··················· 1/4 茶匙

🍴 作法

01. 取一鋼盆先將鮪魚片壓碎後和玉米粒、雞蛋、蔥花、黑胡椒及椒鹽打勻。

02. 將攪拌均勻的步驟 1 倒入用適量油熱好的平底鍋中，中小火煎到周圍蛋液開始凝固時放入起司絲。

03. 待表面蛋液凝固約 8 ～ 9 成時，蓋上平底盤翻面。

04. 兩面都煎成金黃微焦的狀態就完成囉！

➷ NOTES ➹

1. 烘蛋要蓬鬆好吃在於打蛋時要充分把空氣打入（手部上下攪拌的動作要比較大），用油量要也比平常稍微多一些些。

2. 食譜的分量適用於 20 公分的平底鍋，翻面時找比鍋面略小的平底圓盤會比較容易操作喔！

① 咖哩香料烤雞腿
② 番茄蝦仁奶油飯

咖哩香料烤雞腿便當

[配菜①]

咖哩香料烤雞腿

材料

棒棒腿⋯⋯⋯⋯⋯⋯⋯⋯⋯⋯6 隻

醃漬料 A

咖哩粉⋯⋯⋯⋯⋯⋯⋯⋯⋯1 茶匙
辣椒粉⋯⋯⋯⋯⋯⋯⋯⋯1/4 茶匙
胡椒鹽⋯⋯⋯⋯⋯⋯⋯⋯1/4 茶匙
香茅粉⋯⋯⋯1/4 茶匙（可省略）
海鹽⋯⋯⋯⋯⋯⋯⋯⋯⋯3/4 茶匙
義大利香料⋯⋯⋯⋯⋯⋯1/2 茶匙

醃漬料 B

醬油膏⋯⋯⋯⋯⋯2 又 1/2 大匙
番茄醬⋯⋯⋯⋯⋯⋯⋯⋯⋯1 大匙
蒜末⋯⋯⋯⋯⋯⋯⋯⋯⋯⋯1 大匙
酒⋯⋯⋯⋯⋯⋯⋯⋯⋯⋯⋯1 大匙
橄欖油⋯⋯⋯⋯⋯⋯⋯⋯⋯1 大匙
新鮮迷迭香⋯⋯1 小株（可省略）

蜂蜜檸檬水

蜂蜜⋯⋯⋯⋯⋯⋯⋯⋯⋯⋯1 大匙
檸檬汁⋯⋯⋯⋯⋯⋯⋯⋯⋯1 茶匙

作法

01. 棒棒腿用廚房紙巾將多餘的水分吸乾後先將〔醃漬料 A〕均勻抹上並輕按壓入味。

02. 將棒棒腿放入夾鏈袋中，〔醃漬料 B〕倒入袋口密封後搖晃，使醬汁和雞腿充分混合均勻。再放入冷藏約 1 小時。

03. 醃漬好的棒棒腿放入預熱好的烤箱中以攝氏 190 度烤 40 分鐘，烘烤過程的最後 5 分鐘將棒棒腿取出表面刷上〔蜂蜜檸檬水〕，再放回烤箱直到烘烤時間結束即可。

[配菜②]

番茄蝦仁奶油飯（懶人電鍋版）

🍲 材料

牛番茄 ……………………… 1 個
長米 …………… 1 又 1/2 量米杯
奶油塊 ……………………… 10g
蝦仁 ……………………… 80g
蒜末 ……………………… 1 茶匙
蛋黃 ……………………… 1 個
鮮奶 …………… 1 又 1/3 杯
起司絲 …………………… 1 大匙
起司片 …………………… 2 片

🥣 醃漬料

鹽 ………………………… 1/4 茶匙
酒 ………………………… 1/2 茶匙
蒜末 ……………………… 1 茶匙

🧂 調味料

海鹽 ……………………… 3/4 茶匙
黑胡椒 …………………… 1/4 茶匙

🥄 作法

01. 蝦仁和〔醃漬料〕抓勻後先放入平底鍋中略煎至表面微焦即可盛起。蛋黃和鮮奶拌勻成蛋奶液備用。

02. 將長米、牛番茄（整顆即可蒂頭處先用刀劃十字）、煎過的蝦仁、蒜末、奶油塊及蛋奶液統統放入電鍋中，再加入〔調味料〕及起司絲按下煮飯鍵。

03. 電鍋跳起時將番茄拌開並和鍋中所有食材攪拌均勻，最後放上起司片蓋回鍋蓋燜 10 分鐘，利用剛煮好奶油飯的熱度將起司片融化後拌勻即可。

NOTES

蝦仁先煎過可以增加奶油飯的香氣，不煎直接放入電鍋中一起煮熟亦可。

好想幫你帶便當

大人小孩都愛吃！布魯媽媽美味嚴選 42 組好吃、容易上手的便當！

文字‧攝影／ Lina 布魯媽媽
封面設計／申朗創意
企畫選書人／賈俊國

總　編　輯／賈俊國
副總編輯／蘇士尹
行銷企畫／張莉榮‧廖可筠

發　行　人／何飛鵬
出　　　版／布克文化出版事業部
　　　　　　臺北市中山區民生東路二段 141 號 8 樓
　　　　　　電話：(02)2500-7008　傳真：(02)2502-7676
　　　　　　Email：sbooker.service@cite.com.tw
發　　　行／英屬蓋曼群島商家庭傳媒股份有限公司城邦分公司
　　　　　　台北市中山區民生東路二段 141 號 2 樓
　　　　　　書虫客服服務專線：(02)2500-7718；2500-7719
　　　　　　24 小時傳真專線：(02)2500-1990；2500-1991
　　　　　　劃撥帳號：19863813；戶名：書虫股份有限公司
　　　　　　讀者服務信箱：service@readingclub.com.tw
香港發行所／城邦（香港）出版集團有限公司
　　　　　　香港灣仔駱克道 193 號東超商業中心 1 樓
　　　　　　電話：+852-2508-6231　傳真：+852-2578-9337
　　　　　　Email：hkcite@biznetvigator.com
馬新發行所／城邦（馬新）出版集團 Cité (M) Sdn. Bhd.
　　　　　　41, Jalan Radin Anum, Bandar Baru Sri Petaling,
　　　　　　57000 Kuala Lumpur, Malaysia
　　　　　　電話：+603- 9057-8822　傳真：+603- 9057-6622
　　　　　　Email：cite@cite.com.my
印　　　刷／韋懋實業有限公司
初　　　版／ 2016 年（民 105）05 月
　　　　　　2018 年（民 107）05 月初版 8.5 刷
售　　　價／ 380 元

discover a good taste
BUFFALO

一鍋一桌菜
輕鬆料理便當菜

透氣鍋蓋設計
防溢水、水份不回流

收水設計
打開鍋蓋不怕燙傷

高蓋設計
增大容量

搭配專業蒸層，聰明煮婦的選擇
一鍋3菜，方便、省時

15分鐘

牛頭鋼內鍋

市售唯一可拆式內鍋
煎、煮、炒、炸
直火加熱一鍋到底

優質
304不銹鋼

特殊
陶瓷塗層

瓷鋁
合金

COOK 煮飯   WARM 保溫

市售唯一防漏便當
雅登日式便當盒（M、L）

· JIS SUS304不銹鋼
· 特殊透氣裝置
· 食品級密封圈
· 貼心隔熱/防滑墊
· 登山及開蓋結構

《好想幫你帶便當》
示範便當盒（M、L）

更多厲害電鍋食譜

消費者服務專線
中區：0800-000720
北區：0800-221027

蠔油怎能沒有蠔？

李錦記擁有自家管理蠔場，全程專人監控，
優選成熟飽滿的鮮蠔 (牡蠣)，即採、即開、即熬製，
蠔汁點滴由真蠔製造，蠔味鮮甜濃郁，
助您提升菜餚的真鮮味。

蠔油碎碎念：
以單一蔬菜或拼配多款食材
(豆腐、菇類、蘆筍等)，淋上
李錦記舊庄特級蠔油，即能為菜
餚帶來特別不一樣的鮮味。

更多蠔油食譜請登入：
tw.lkk.com

身為一位煮婦與料理達人，您一定要知道
（連續三年網路銷售冠軍）

 黑鼎傳奇精鐵鍋 🔍

$300 黑鼎折價券
32公分專用　每鍋限用乙張
（本 券 無 使 用 期 限）

$300 黑鼎折價券
28公分專用　每鍋限用乙張
（本 券 無 使 用 期 限）

$300 黑鼎折價券
24公分專用　每鍋限用乙張
（本 券 無 使 用 期 限）

$150 黑鼎折價券
20公分專用　每鍋限用乙張
（本 券 無 使 用 期 限）